아주 좋아!
미국서부

아주 좋아! 미국 서부

초판 1쇄 발행 2013년 3월 5일

지은이 | 박평식 · 최상태
펴낸이 | 김우연, 계명훈
기   획 | 최상태
마케팅 | 함송이, 강소연
디자인 | 김낙현

펴낸곳 | for book
주   소 | 서울시 마포구 공덕동 105-219 정화빌딩 3층
문   의 | 02-752-2700(에디터)
인   쇄 | 미래프린팅

출판 등록 | 2005년 8월 5일 제2-4209호
값 | 15,000원
ISBN : 978-89-93418-52-1 14980

가슴이 떨릴 때, 다리가 떨리기 전에 여행을 떠나라!
투어 멘토와 함께 떠나는 미국 서부 여행

아주 좋아! 미국서부

USA

투어 멘토 박평식 · 투어 멘티 최상태 지음

Wilshire Blvd
ONLY ONLY ONLY
PASSENGER
LOADING
3 MIN. ONLY
DO NOT
LEAVE
VEHICLE
UNATTENDED
AVAKIAN
THE

캘리포니아 주 관광청

한 해 100만 명 이상의 한국 관광객이 미국을 방문하기 때문에 미국 관광 시장에서 한국은 매우 중요한 국가입니다. 영어도 서툴고, 서양 문화나 에티켓도 익숙하지 않은 한국인에게 미국은 부담 없이 여행하기에는 여전히 벽이 높은 '어려운' 나라임에는 틀림없습니다. 2008년에 캘리포니아 관광청 한국사무소를 개설한 이래로 4년 동안 보다 많은 사람들이 미국 관광 정보를 접할 수 있도록 부지런을 떨었음에도 불구하고 아직도 한참 멀었다는 것을 잘 알고 있습니다. 이러한 인식은 정신적인 소원함과도 관계가 있습니다. 미국의 첫 번째 관문 도시인 LA나 샌프란시스코까지 비행기로는 약 10시간 거리이지만, 물리적인 거리보다는 정신적으로 더 먼 나라로 느끼고 있기 때문이라고 봅니다. 그래서 이 책이 더욱 반갑습니다.

책을 읽다 보면 한국인들에게 미국이 결코 먼 나라가 아님을 깨

닿게 합니다. 미국에는 전 세계 그 무엇과도 견줄 수 없는 웅장한 국립공원과 아름다운 해변이 있고, 세계적인 문화 예술과 더불어 디즈니랜드나 유니버설스튜디오 같은 선진화 된 관광 자원이 풍부합니다. 그렇기 때문에 미국 관광을 제대로 즐기려면 여행지에 관한 정보를 미리 알아두는 것이 필요합니다. 그런 점에서 미국 현지 관광업계의 고수가 정감 있게 풀어낸 미국 여행 이야기는 친근하면서도 생경한 감동을 안겨 줍니다. 또한 이 책을 통해서 어떻게 하면 미국의 자연과 문화를 제대로 들여다볼 수 있는지에 대한 해답도 얻을 수 있습니다.

캘리포니아 주 관광청 한국사무소 조진하 부장

라스베이거스 관광청

라스베이거스를 방문하는 한국인 관광객 수가 매년 증가하고 있는 데 반해 그에 걸맞은 유용하고 실질적인 여행 지침서는 많지 않은 것이 현실입니다.

이 책은 30년 이상의 역사를 자랑하는 미국 서부의 한인 최대 여행사인 'US아주투어'의 박평식 대표님이 쓴 책으로 유용한 정보를 담고 있습니다. 더불어 이 책의 발간으로 인해 라스베이거스, 나아가 북미 지역에 대한 관광 정보를 전달하는 것은 물론, 이 지역을 찾는 여행객들이 더 아름다운 추억을 만드는 데 일조할 것이라 확신합니다. 아울러 북미 여행업계 발전에 힘써 주신 US아주투어에 감사의 말씀을 전하며, 이 책의 출간을 진심으로 축하드립니다.

라스베이거스 관광청 인터내셔널 세일즈 부사장 마이클 골드스미스

LAS
Vegas™
CONVENTION AND
VISITORS AUTHORITY

네바다 주 관광청

US아주투어 박평식 대표의 미국 여행 이야기 『아주 좋아! 미국 서부』의 발간을 축하드립니다. 비자 면제 이후 관광 및 친지 방문 수요를 비롯해 미국을 찾는 관광객이 지난 수년간 꾸준히 증가하면서 미국 서부와 동부뿐만 아니라 타 지역에 대한 관심이 더욱더 높아지고 있습니다. 이 책은 이러한 여행객들의 관심에 친절하고 상세하게, 그리고 생생하고 정확한 여행 정보를 제공하기 위해 수년간 준비해 온 것으로 알고 있습니다.

지난 30년간 미주 여행 시장에서 축적한 경험과 노하우가 고스란히 담겨 있는 이 책은 미국을 여행하려는 여행자들에게 유용한 여행 정보가 될 것이며, 미국 여행을 꿈꾸는 한국인들에게 미국의 역사와 여행의 즐거움을 전달하는 메신저 역할을 할 것입니다.

광활한 대자연과 풍부한 역사를 배경으로 현대 교육과 문화예술

제격인 루이스 호수, 겨울이면 아기자기한 동화의 나라로 변하는 밴프의 유서 깊은 고성 밴프 스프링스 호텔, 힐링이 무엇인지를 가슴 깊이 느끼게 해 주는 재스퍼 등 캐나다에는 볼거리가 풍부합니다. 또한 캐나다의 로키 산맥이 자리 잡은 앨버타 주에는 한국인들에게 소개하고 싶은 명소가 너무나 많습니다.

이 책을 통해 한국의 독자들이 로키 산맥의 매력을 체험해 볼 수 있는 계기가 되었으면 좋겠습니다. 여러분, 하던 일을 잠시 멈추고 캐나다의 로키와 함께 자연을 느껴 보세요.

앨버타 주 관광청 한국사무소 배오미 소장

CONTENTS

캐나다 앨버타 주 관광청

　먼저 LA에서 오랜 기간 여행사를 운영하며 축적한 관광 노하우를 알릴 수 있는 책이 발간되었다는 소식에 축하의 말씀을 전합니다. 미국의 수많은 여행 명소들 가운데 로키 산맥이 하나의 테마로 소개된 것을 보니 정말 반갑습니다.

　캐나다는 천혜의 자연을 경험할 수 있는 곳으로 유명하며, 매년 살기 좋은 나라 순위에서 상위를 차지하여 한국인이 찾기 좋은 나라임을 자부합니다. 하지만 미국에 비해서 왠지 멀게 느껴지는 캐나다는 전 세계에서 두 번째로 큰 땅을 가지고 있음에도 불구하고 북미 전체를 소개하는 여행 안내서에서 크게 다루지 않는 것을 보면 의외로 한국인이 잘 모르는 나라라는 생각이 들기도 합니다.

　북미를 상징하는 문화인 카우보이들의 로데오 축제 중에 전 세계에서 가장 규모가 큰 캘거리 스탬피드 축제, 로맨틱한 연인들에게

의 트렌드를 이끌어 가는 미국은 너무나 많은 볼거리를 가지고 있습니다. 한인 여행사로서 미국 여행 시장을 이끌어 가는 US아주투어에서 오랜 역사와 경험을 바탕으로 만들어 낸 『아주 좋아! 미국 서부』는 미국을 찾는 여행자들의 길잡이가 될 것으로 확신합니다.

네바다 주 관광청 한국 대표 홍찬호

여행은 자신을 발견하는 모험

"인생에 있어서 가장 위대하고 아름다운 여행은 자신을 발견해 가는 모험 속에 있습니다."

– 영화 「티벳에서의 7년」대사 중에서

사람들은 인생을 여행에 비유하곤 합니다. 여행을 떠나야 철이 든다는 말도 자주 합니다. 그렇다면 왜 떠나야 하는 걸까요?

사람이 집을 떠난다는 것은 새가 둥지를 떠나 홀로 날기 시작하는 이치와 같습니다. 그것은 나를 찾기 위한 여정이 여행 속에 담겨 있기 때문입니다. 누구나 일정한 시간이 지나면 나이가 들어 죽음을 맞이하게 됩니다. 아무리 부정하고 싶어도 피할 수 없는 진실입니다. 우리가 의도하지 않았음에도 이 세상에 태어난 것처럼, 자신의 의지와 관계없이 언젠가 맞게 될 죽음을 향해 갈 것입니다. 이 세상에 살면서 가슴이 떨리고 흥분되는 순간이 얼마나 있었나요? 가장 최근에 당신이 경험한 가슴 뛰고 설레였던 순간은 언제였나요?

가슴이 떨릴 때, 다리가 떨리기 전에 여행을 떠나야 하는 이유는 명쾌합니다.

여행은 에너지를 충전하는 최고의 수단입니다. 쳇바퀴를 도는 것처럼 숨 가쁘게 돌아가는 일상생활에서 벗어나 자신의 삶을 돌이켜 보면 관조해 볼 수 있는 것 중에서 여행만한 게 없습니다.

자고로 여행은 고대부터 현대에 이르기까지 새로운 생각을 받아들이는 통로가 되어 왔습니다. 실크로드를 따라간 마르코 폴로의 여행기, 인도를 다녀온 혜초의 왕오천축국전 등이 대표적인 예입니다. 여행은 상상력과 모험심을 자극합니다. 항해 중에 조난을 당해 표류하던 걸리버가 소인국과 대인국에 가서 유쾌한 에피소드를 벌이는 이야기, 여행을 떠났다가 무인도에 표류하게 된 로빈슨 크루소의 모험기 등이 그렇습니다.

조금이라도 삶에 대한 열정이 남아 있을 때 여행을 다녀와야 합니다. 보고 느낀 것을 삶의 현장에 녹여 에너지를 얻을 수 있다면, 살아갈 인생이 더욱 풍부해질 것입니다. 너무나 많은 사람이 노년에 이르러 여행을 떠납니다. 특별한 목적도 없이 죽기 전에 한 번쯤 떠나야 하는 것을 여행으로 알고 있는 사람들을 볼 때마다 너무 안타까웠습니다.

물론 인생을 열심히 살아오신 성실한 분들이 받는 당연한 보상으로 여행을 다녀올 수도 있겠지요. 하지만 앞으로 남아 있는 삶을 위해 '낯선 곳으로의 모험을 활력으로 삼는다면 더 좋지 않을까?' 하는 생각이 듭니다. 실제로 여행지에서 "10년만 더 일찍 여행을 왔더라면 얼마나 좋았을까?"라고 말하며 후회하고 안타까워하는 분들을 많이 봐왔습니다. 하지만 늦었다고 생각하는 때가 가장 빠를 때입니다.

미국 여행을 가더라도 실제로는 관광지 몇 군데만 보고 오는 경우가 많습니다. 여행지에서의 경험을 살아있는 지식으로 전환하려면 미리 알고 가야 합니다. 특히 미국은 시간과 돈이 많이 드는 장거리 여행인 만큼 본전을 뽑으려면 충분히 배워서 가야 합니다. 그래서 오랜 여행 경험이 축적된 투어 멘토가 필요합니다.

제가 여행에 뛰어든 시기는 '갈색 탄환'으로 불린 미국의 육상선수 칼 루이스가 로스앤젤레스 올림픽에서 육상 4관왕을 차지했던 1984년이었습니다. 그 당시 유학생이었던 나는 LA에 왔다가 우연히 통역 서비스를 맡았는데, 그 일이 계기가 되어 여행업에 뛰어들게 됐습니다. 양궁에서 서향순 선수가 금메달을 거머쥐던 바로 그즈음 택시 한 대로 시작한 여행사는 30여 년이 지난 지금 미주 최대 여행사로 성장했습니다.

가야 할 곳을 알려 주는 이정표조차 없었던 관광 불모지였던 LA 지역에 여행 외길만을 고집하며 달려왔습니다. 지금까지 미국과 한국에 걸쳐 수백만 명의 여행자들을 책임지는 여행사 대표로 생활하며 별의별 경험을 다했지만, 결코 잊을 수 없는 두 번의 사건이 있습니다.

첫 번째는 1992년에 발생한 LA폭동으로 인해 한인 커뮤니티의 터전이 산산조각이 난 사건이었습니다. 이민 후 평생을 쌓아 온 재산이 폭동으로 인해 잿더미가 된 잔해 앞에서 실의에 빠진 동포들에게 새로운 희망과 꿈을 안겨 줘야 한다는 의무감이 저를 사로잡았습니다. 그래서 '다 잊고 새로 시작합시다!' 라는 캐치프레이즈 아래 여행 캠페인을 벌였고, 그렇게 해서 여행을 다녀온 한인 교포들은 생기를 찾고 다시 일터로 뛰어드는 모습을 보며 가슴이 벅차 올랐습니다.

두 번째는 1997년 IMF 금융위기 당시에 모국 방문을 주도한 일입니다. 한국에서 IMF 사태가 터지자 미국 언론에서는 '난파하고 있는 한국' 이라는 충격적인 헤드라인의 기사를 내보냈습니다. 고국의 위기는 LA 현지에서도 큰 충격과 놀라움을 안겨 주었습니다. 뭔가를 해야 한다는 생각이 들었습니다. 궁리 끝에 모국에 달러를 보내려면 여행보다 좋은 방법이 없다는 것을 깨닫게 되었습니다. 국적 항공사와 한국관광공사 LA 지사와 함께 모국 관광 상품 개발을 추진했는데, 한국에서 비상한 관심을 불러일으켰습니다. 얼마 지나지 않아 고국에서 앞 다투어 '금 모으기 운동' 에 나섰다는 소식을 듣고 뜨거운 감격을 느꼈습니다. 비록 몸은 미국에 있어도 애국심에는 차이가 없다는 것을 깨달았기 때문입니다. 이로 인해 생각지 않게 문화관광부, 관광공사, 서울시, 제주도 등에서 표창장을 주며 고마움을 표하기도 했습니다.

이 책은 제게 세 번째의 의미 있는 일이 될 것입니다. 제가 경영하는 여행사를 통해 매년 10만 명 이상의 한국인들이 미국으로 옵니다. 귀한 시간을 쪼개 미국에 오시는 분들에게 여행 목적에 맞는 결과물을 가지고 돌아가 생애 최고의 해를 보낼 수 있었으면 하는 바람으로 이 책을 쓰게 되었습니다.

이 책은 '앞으로 돈을 더 벌고 나면', '결혼한 후에', '자식들을 다 키우고 나서', '회사에서 승진한 후에' 등의 이유로 미국 여행을 미루어 두었던 독자들에게 결단의 용기를 불어넣는 촉매제가 될 것입니다. 지구상의 그 어느 나라 사람들보다 바쁘고 치열하게 살아왔던 한국인들이 미국 여행을 통해 인생의 쉼표를 '꽉' 찍고 활력을 되찾기를 간절히 바랍니다.

2013년 3월

투어 멘토 박평식(US아주투어 대표)

당신에게 여행은?

영국 작가 조나단 스위프트가 쓴『걸리버 여행기』. 어렸을 적 누구나 한 번쯤 읽어보았을 이 소설만큼 여행이 주는 관점의 변화를 잘 보여주는 책도 드물 것입니다. 동일한 주인공이 소인국에 가서는 거인이 되고, 거인국에 가서는 소인이 되어 좌충우돌하지요. 2,000명이 먹을 식량을 한 번에 먹어 치우는 거인으로 지내다가 온몸을 뛰어야 피아노 건반 한 개를 간신히 누를 수 있는 소인으로 변하는 모습은 독자들에게 즐거운 상상을 가져다줍니다. 크고 작은 것은 모두 상대적이며, 좋은 것에는 불편함이, 기피하는 것에는 남모르는 장점이 숨어 있다는 교훈도 알려 줍니다.

미국 여행이 제게 가져다 준 유익함은 무엇보다도 관점의 변화였습니다. '지상 최고의 절경'이라 불리는 여행지를 돌아보면서 풍경 자체도 아름다웠지만, 그것에 반응하여 내면에서 일어나는 관점의 변화가 놀라웠습니다.

미국에 10년 동안 있으면서도 치열하게 공부하고 일하느라 제대로 여행을 못했습니다. 어쩌다가 연휴 때 짧은 여행을 다녀오며 갈

증을 달래야 했습니다. 그러면서도 직업 특성상 하루에도 수많은 뉴스와 정보를 접하면서 미국을 잘 안다고 자부심을 갖고 있었지요. 물론 이런 생각이 착각이라는 사실을 제대로 여행을 다니면서 뒤늦게 깨닫게 되었습니다.

그러면서 여행이 주는 감동이 굉장히 주관적이라는 사실을 알게 되었습니다. 누구나 감탄해 마지않는 옐로스톤이나 그랜드 캐년 국립공원에서는 심드렁해 있다가도 사막을 지나는 도로에서 오래된 표지판을 보거나 디즈니랜드의 캐릭터 휴지통을 보며 뜻밖의 감탄을 경험하는 사람들도 있었으니까요. 황량하기 짝이 없는 데스밸리의 사막을 보며 끝없는 탄성을 지르는 여행자도 보았습니다.

미국에 교환교수로 와 있는 아버지의 강권으로 그랜드 캐년을 따라온 대학생은 자신이 누리고 있는 기회가 얼마나 소중한지를 알지 못한 채 따분한 표정으로 여행을 마치더군요. 그러나 아르바이트로 돈을 모아 힘들게 온 어느 대학생의 눈빛에는 광채가 날 정도로 모든 광경을 담아가겠다는 충만함이 느껴졌습니다. 결국 같은 풍경이더라도 보는 사람에 따라 하늘과 땅 차이만큼의 감동을 가져다준다는 것을 실감했습니다.

모처럼 가진 사치스러운 시간의 유익은 질문이 많아진다는 것입니다. 바쁜 일상에서는 해 본 적이 없는 '왜 사는가?', '무엇이 가치 있는 삶일까?', '남기고 싶은 흔적은 무엇일까?' 같은 원초적인 질문과 맞닥뜨리게 되었습니다. 미국 서부의 한적한 시골 벌판에 집을 짓고 살아가는 풍경을 보면 매일 치열하게 살아가는 삶이 꼭 하나의 정답이 아니라는 사실을 깨닫게 됩니다.

일상생활의 관성에서 벗어나기 위한 우리들의 몸부림이 여행입니다. 그 중력을 떠나 있는 동안 자신이 살아가고 있는 삶의 궤적을 객관적으로 보거나 최소한 떨어져서 볼 수 있는 시간을 갖게 되지요. 다른 생활 방식을 동경하기도 하지만, 대부분은 지금의 내 삶도 그렇게 나쁘지 않다는 일종의 안도감을 경험하는 시간들이지요.

세상을 다녀보면 진실을 알게 되고, 겸손해집니다. 그리고 명랑해지고, 지식을 얻게 되며, 눈이 밝아집니다. 그래서 성숙해지고 지혜로워집니다. 이런 게 여행이라면 왜 떠나지 않겠습니까?

이 책에는 오랜 기간 여행자들과 동행하고 있는 투어 멘토가 일생에 걸쳐 정리한 여행에 관한 다양한 정의가 들어 있습니다. 가장 중요한 것은 독자 여러분이 여행에 관한 자신만의 명쾌한 정의를 갖는 것입니다. 이 책을 읽고 나서 미국 여행을 하는 동안 자신만의 여행에 관한 정의를 생각해 보세요. 그러고 나서 아래 빈칸을 채워 보세요.

“나에게 여행은 [   ] 이다.”

2013년 3월

애리조나 페이지의 한적한 호텔에서

투어 멘티 최상태

여행은 쇼를 보는 것이라

오감을 자극하는 지상 최대, 최고의 쇼

여행은 쇼를 관람하는 것입니다. 재미있는 쇼를 보면 마음이 즐겁습니다. 우리는 쇼를 보기 위해 여행을 떠납니다. 인간이 만든 화려한 인공의 쇼이든, 대자연이 연출한 장엄한 쇼를 즐기지 않는 것은 우리 인생에게 주어진 의무를 망각하는 일인지도 모릅니다. 라스베이거스에 가면 상상을 초월하는 태양의 서커스 공연을, 뉴욕 브로드웨이에 가면 오감을 사로잡는 쇼를, 대자연의 교향악이 펼쳐지는 그랜드 캐년의 장엄한 쇼를 보면 감탄과 탄성이 절로 나옵니다. 어쩌면 인생 자체도 쇼가 아닐까요? 신이 내게 주신 재능을 펼쳐 보이기 위해 각고의 노력과 연출이 필요하니까 말이죠. 우리 인생에서도 흥미와 재미, 감동과 교훈을 주는 쇼 같은 속성을 찾아봅시다.

지구의 경이로움을 온몸으로 느끼다

_ 미국의 3대 캐년 : 그랜드 캐년, 자이언 캐년, 브라이스 캐년

투어 멘티 : 미국을 꼭 가봐야 하는 이유를 든다면 뭐가 있을까요?

투어 멘토 : '미국'이라는 나라 이름은 한자로 '아름다울 미美' 자와 '나라 국國' 자를 씁니다. 한마디로 '아름다운 나라'라는 뜻이죠. 우리 조상들은 미국을 그렇게 정의했습니다. 하지만 미국은 한마디로 정의하기가 어려운 나라입니다. 그런데도 장님이 코끼리를 만지듯 자신이 보고 들은 제한된 경험과 체험을 전부인양 이야기하는 사람이 많습니다. 하늘을 찌를 듯이 늘어선 맨해튼 빌딩 숲을 보고 온 사람은 미국을 정신없이 바쁜 곳이라 말할 것이고, 광활한 밀밭이 펼쳐진 중부 지방에서 살았던 사람은 미국을 한적하고 평화스러운 곳으로 떠올릴 것입니다. 아름다운 해변이 있는 플로리다와 사

시사철 날씨가 화창한 캘리포니아, 삼림이 우거진 로키 산맥 등 어디를 보고 왔느냐에 따라 미국에 대한 인상은 저마다 달라집니다. 그런데 미국에 꼭 가봐야 하는 첫 번째 이유는 뭘까요? 나는 '그랜드 캐년Grand Canyon'을 첫 번째 이유로 들고 싶습니다. 끝없이 펼쳐지는 진홍빛과 주홍빛 퇴적층, 깎아지른 절벽 아래로 내려다보이는 콜로라도의 강줄기, 계곡이라고 부르기에는 너무나 넓은 골짜기, 무엇보다도 인간의 손이 닿지 않은 대자연이 연출한 대서사시를 보지 않고 인생을 마감하기는 너무나 아쉽지요.

투어 멘티 : 영국 공영방송 BBC에서 선정한 '전 세계에서 죽기 전에 가봐야 할 50곳' 중 그랜드 캐년을 첫 번째로 꼽았습니다. 그런 이유인지는 몰라도 미국에서 반드시 가봐야 할 곳으로 그랜드 캐년을 많이 꼽는 것 같습니다. 그랜드 캐년의 매력은 무엇일까요?

투어 멘토 : 그랜드 캐년을 직접 보면 유한한 인생의 의미를 실감하게 됩니다. 인간의 일생에 비하면 거의 영겁에 가까운 세월 동안 침식된 협곡과 울긋불긋 선연하게 드러난 각양각색의 퇴적층, 억만년 동안 쉼 없이 협곡을 깎고 깎아낸 콜로라도 강 등 이 모든 것이 어우러져 그랜드 캐년을 이룹니다. 특히 고원지대는 평균 폭이 10마일(16킬로미터), 평균 깊이가 1마일(1.6킬로미터)에 이르는 계곡이 무려 300마일(445킬로미터)에 걸쳐 뻗어 있어요. 콜로라도 강에 의해 지층이 깎이는 정도는 1년에 5밀리미터가 채 되지 않아요. 지금도 숨 가쁘게 치열하게 살아가는 삶이, 100년도 채 안 되는 우리 인생

억만년 세월 동안 콜로라도 강이 쉼 없이 깎아낸
협곡이 장엄하고 아름답다.

이 어쩌면 저 높게 쌓인 퇴적층 중에 손가락 두 마디에 불과한 시간을 살아가는 것이지요. 그랜드 캐년의 거대한 협곡을 바라보노라면 인간으로서의 삶을 풍요롭게 누리지도 못하면서 아웅다웅 살아가고 있다는 한계성을 깨닫게 되지요. 몇 억 년의 세월을 깎여 순응해 온 큰 바위가 마치 이렇게 말하는 것 같습니다.

"왜 그렇게 안달복달하며 사세요. 그냥 이해하고 받아들이면서 어우러져 사세요."

눈과 비바람의 풍화 작용으로 인해 큰 암석에서 바위로, 바위에서 흙으로 잘게 쪼개져 갑니다. 성경 창세기에 나오는 '너는 흙이니 흙으로 돌아갈 지어다'라는 말씀을 그랜드 캐년보다 더 실감할 수 있는 곳은 없을 것입니다.

그랜드 캐년의 전체 길이는 경부고속도로보다 더 길고, 계곡의 깊이는 태백산 높이에 해당한다. 계곡 정상에서 강물과 닿는 밑바닥까지 다녀오는 데도 이틀이 소요된다. 오래 전부터 여러 인디언 부족들이 살았고, 백인들이 처음 찾아간 것은 1869년 존 웨슬리 파웰 소령 일행이 콜로라도 강을 탐사하면서 세상에 알려지게 되었다. 1919년 2월 26일에 국립공원으로 지정되었고, 해마다 전 세계에서 300만 명 이상의 관광객이 그랜드 캐년을 찾는다.

투어 멘티 : 그랜드 캐년을 제대로 보고 즐기려면 어떻게 해야 할까요?

그랜드 캐년을 대표하는 멋진 절경을 한눈에 볼 수 있는 마더 포인트.
지층의 색깔이 시시각각 변하는 일출을 보기에도 좋다.

투어 멘토 : 그랜드 캐년은 노스 림North Rim, 사우스 림South Rim, 이스트 림East Rim, 웨스트 림West Rim으로 구분할 수 있습니다. 그중에서도 사우스 림은 '지질학의 노천 박물관'이라 불리며, 그랜드 캐년 전체 관광객의 90% 이상이 찾는 곳이죠. 림(Rim : 계곡의 가장자리)을 따라 늘어선 전망대에서 바라보는 그랜드 캐년의 협곡과 색색의 단층, 기암괴석들은 일출이나 일몰 때 훨씬 더 풍부한 색감을 드러냅니다. 사우스 림의 중심 지역은 '그랜드 캐년 빌리지'이고, 공원 안내소와 호텔, 식당 등이 모여 있습니다. 그랜드 캐년 여행의 출발점이기도 합니다. 탐험대가 최초로 그랜드 캐년을 발견한 장소인

난간을 잡고 협곡 아래를 내려다보면 짜릿한 감동을 느낄 수 있다.

야바파이 포인트Yavapai Point, 경관이 가장 뛰어난 곳으로 꼽히는 마더 포인트Mather Point가 이곳에 있습니다.

투어 멘티 : 림의 '뷰 포인트View Point'에 대해서 좀 더 설명해 주시죠. 특히 그랜드 캐년의 일출과 일몰은 대단한 장관이라고 하던데요.

투어 멘토 : 그렇습니다. 빛의 농도에 따라 시시각각으로 바뀌는 캐년의 모습은 말로 표현할 수 없는 진한 감동을 선사해 줍니다. 가장 뛰어난 뷰 포인트는 역시 그랜드 캐년 빌리지에 있는 마더 포인트와 야바파이 포인트라고 할 수 있죠. 이곳에서는 일출과 일몰 때 시시각각으로 변하는 장관을 봐야 합니다. 웨스트 림은 석양이 가장 아름답다는 호피 포인트Hopi Point와 모하비 포인트Mahave Point가 있어서 해가 질 무렵에 많은 사람이 몰려드는 지역입니다. 웨스트

림 서쪽 끝에 있는 허미츠 레스트Hermit's Rest는 아름다운 석조 건물이 있는데, 이곳에서 간단한 식사와 함께 기념품을 구입할 수 있습니다. 캐년 바닥을 발아래로 내려다볼 수 있도록 투명한 유리로 만들어 놓은 스카이워크Skywalk도 웨스트 림에 있습니다. 이스트 림은 웅장한 분위기를 연출합니다. 이곳은 1년 내내 출입이 가능하기 때문에 폭설이 내리는 겨울에도 인파가 몰립니다. 동쪽 끝 데저트 뷰Desert View에서 볼 수 있는 동쪽의 사막과 서쪽의 그랜드 캐년이 이루는 대조적인 모습은 색다른 풍광을 만들어 냅니다. 1933년에 세워졌다는 첨성대처럼 생긴 와치 타워Watch Tower가 있어서 한국 사람들이 좋아하는 곳입니다. 노스 림은 사우스 림과는 다른 경관을 즐길 수 있어서 모험심 강한 여행자들이 주로 찾습니다. 길이 험하고 눈으로 길이 막히는 경우가 많아서 1년 중 절반 정도만 관광이 가능한 곳이기도 합니다. 그만큼 찾기 어려운 곳이지만, 가장 아름답고 자연적인 모습을 볼 수 있어서 값어치를 하는 곳입니다. 그랜드 캐년의 가장 높은 곳에 위치한 임페리얼 포인트Imperial Point에서 바라보는 장대한 풍경을 다른 곳에서는 보기 어렵습니다. 다만, 봄부터 가을까지는 제한된 기간에만 투어가 가능합니다.

특히 서부 여행은 엄청난 장거리여서 개인이 차를 운전해 오기보다는 패키지여행이 주를 이룬다. 그러다 보니 다양한 인생 군상을 만날 수 있었다. 대학생 두 딸과 추억 여행을 왔다는 50대 어머니(남편은 직장 때문에 함께 오지 못했다고 했다.), 군에 입대하는 아들을 격려하기 위해 아버지가 연말 보너스를 털어 여행 온 가족, 학업으로 인한 스트레스를 풀기 위해 뉴욕에서 왔다는 치대 대학원생, 유학 온 아들의 졸업식을 보러 미국에 왔다가 여행에 나선 사진작가 부부, 미국 출장을 왔다가 밀린 휴가를 여행에 쏟아 부은 30대 직장인, 방학 시즌에 아이를 혼자 데리고 나온 기러기 엄마, 미국 생활 40년 만에 처음으로 이곳을 찾은 교포, 미국을 찾는 친척들 덕분에 열 번도 넘게 이곳에 왔다는 교포 등 저마다 다른 이유와 목적으로 여행을 함께했다.

시간적 여유가 된다면 그랜드 캐년까지 증기 기관차를 타고 갈 수도 있다. 그랜드 캐년 레일웨이는 1908년에 문을 연 이래 현재까지 증기 기관차를 운행하고 있다. 윌리엄스 시에서 출발하며, 증기 기관차를 이

투어 멘토의 여행 정보

- 사우스 림 방문객 센터 _ 위치 : 마더 포인트의 캐년 뷰 인포메이션 플라자 내 / 주소 : Grand Canyon National Park, Arizona 86023 / 전화 : (928)638-7888
- 노스 림 방문객 센터 _ 위치 : 브라이트 에인절 포인트의 그랜드 캐년 로지 내 / 전화 : (928)638-7864 / 사우스 림은 연중 개방. 노스 림은 5월 중순 ~ 10월 중순에만 개방.
- 스카이 워크(Sky Walk) _ 2007년에 개장하여 화제가 된 야외 투명 전망대. 그랜드 캐년 빌리지에서 서쪽으로 12킬로미터, 허미츠 레스트까지 이어진 웨스트 림에 있다. 이글 포인트 맞은편에 위치하고 있고, U자 형태로 절벽 끝에서부터 공중으로 설치되어 있다. 450톤의 철골과 90톤의 강화 유리를 사용하여 바닥과 옆면을 만들었으며, 이곳을 걷다 보면 마치 1,200미터 상공에서 발아래 절벽을 보며 걷는 것 같은 짜릿함을 느낄 수 있어 여행자들에게 인기가 높다.
- * 홈페이지 : www.grandcanyonskywalk.com

용한 다양한 패키지 투어가 마련되어 있다. 2시간 동안 차창 밖으로 펼쳐지는 미국 서부의 대자연을 바라보며 색다른 여행 경험을 느껴볼 수 있다.

- 증기 기관차 투어 : 233 N. Grand Canyon Blvd., Wiliams, AZ 86046 / 홈페이지 www.thetrain.com

경비행기를 이용한 투어도 볼만하다. 그랜드 캐년이 워낙 거대한 규모이다 보니 입체적으로 보지 않으면 좀처럼 실감할 수 없기 때문이다. 라스베이거스의 매커런 공항과 사우스 림으로부터 11킬로미터 남쪽에 위치한 투사안Tusayan 공항에서 탑승할 수 있다. 허미츠 레스트 서쪽에서 콜로라도 강 위를 횡단하는 헬리콥터 투어도 가능하다.

- 경비행기 투어 : www.airvegas.com, www.scenicairlines.com
- 헬기 투어 : www.tours4fun.com/west-coast-tours

투어 멘티 : 뷰 포인트에서 경관을 즐기는 방법 외에 다른 볼거리도 있으면 소개해 주시죠.

투어 멘토 : 상공에서 그랜드 캐년을 조망할 수 있는 세스나 경비행기나 헬리콥터 투어를 적극 추천합니다. 워낙 거대한 경관이다 보니 계곡 사이로 상공을 날면서 직접 보면 그랜드 캐년의 웅장함을 실감할 수 있거든요. 그 밖에 계곡 아래로 내려가서 트래킹을 하는 허미츠 레스트 투어Hermit's Rest Tour, '뮬리'라 불리는 노새를 타고 돌아보는 뮬 트립Mule Trip을 해 보면 이색적인 경험을 할 수 있어요.

투어 멘티 : 그랜드 캐년이 워낙 넓어서 그런지 돌아보는 방법도 무척 다양하군요.

투어 멘토 : 그렇습니다. 이곳에 오시면 평생 잊지 못할 추억을 만들 수 있을 겁니다. 그리고 그랜드 캐년을 돌아보면 여러 곳에 뷰포인트View Point가 있어요. 거기서 눈도장만 찍지 마시고 마음속에 추억의 도장을 '꽉' 찍으세요. 아주 생생하게 기억하시고 내려와야 해요. 훗날 일상에서 근심이나 걱정거리가 찾아왔을 때, 하나씩 꺼내 떠올려보세요. 3억5천 년 전 지반의 융기로 생성된 그랜드 캐년은 수천 년 동안 강물의 흐름 속에 퇴적층을 이루어 만들어졌다고 합니다. 세월을 이겨내는 장사는 없어요. 누구든 고민의 총량은 똑같다는 말이 있어요. 더 이상 참을 수 없고 견디기 힘들다는 생각이 들 때마다 그랜드 캐년에서 보았던 장면을 하나씩 꺼내보세요. 필요하면 사진도 보면서 말이죠. 그리고 지금 자신을 괴롭히는 고민거리도 1년 후에는 기억조차 못하는 일이 되고 만다는 사실을 생각해 보세요. 유구한 세월을 견뎌낸 그랜드 캐년은 우리에게 이렇게 소리치고 있어요. "남의 시선이나 평판 따위에 자신을 가둬 놓고 살지 마라."라고 말이죠. 여행을 통해서 건강한 자신으로 돌아오세요. 그리고 인생을 힘차고 용기 있게 살겠노라고 결심해 보세요.

투어 멘티 : 웬만한 사람이 아니고는 서울에서 애리조나까지 두 번 오기 힘든 곳이라고 생각합니다. 10시간 이상 비행기를 타고 와서 다시 그만한 시간을 차로 달려가야 하니까요. 그랜드 캐년을 보고 나서도 왠지 아쉬움이 남는 여행자를 위해 다른 곳도 소개해 주시죠.

투어 멘토 : 그랜드 캐년 하나만 보고 오기에는 발걸음이 떨어지

지 않는다는 분들이 많아요. 바로 그런 여행자들에게 딱 맞는 곳이 가까운 거리에 있어요. 여성스럽고 섬세한 브라이스 캐년Bryce Canyon과 남성적이고 장엄한 자이언 캐년Zion Canyon 국립공원입니다. 그랜드 캐년과 함께 '미국의 3대 캐년'이라 불리는 곳이죠. 이곳에서는 대협곡 위에서만 바라보았던 아쉬움을 달랠 수 있어요. 바로 밑에까지 내려가서 볼 수 있거든요.

　투어 멘티 : 브라이스 캐년 국립공원부터 설명해 주시죠.

　투어 멘토 : 브라이스 캐년은 거장이 조각칼로 잘 다듬은 것처럼 생긴 기둥과 깎아지른 절벽이 원형 분지를 이루고 있어요. 1874년에 '에바네저 브라이스Evenezer Bryce'라는 목수의 이름을 따서 부르

투어 멘토의 여행 정보

- 페어리랜드 포인트 _ 공원 안내소 북동쪽 약 3마일 지점에 있는 전망대. 브라이스 캐년의 여성적인 아름다움을 가장 잘 관망할 수 있는 곳으로 알려져 있으며, 절벽 가장자리 길을 따라 트레킹을 즐기려는 여행자들이 꼭 거쳐 가는 포인트다.
- 선라이즈 포인트 / 선셋 포인트 _ 페어리랜드 포인트에서 약 6마일을 걸으면 이 두 지점을 만날 수 있다. 탐방객을 위한 오솔길이 잘 정비되어 있으니 트레킹 초보자도 가볍게 즐길 수 있다. 절벽과 바위, 그 사이사이의 초록빛 나무와 숲의 조화가 만들어 내는 이국적인 경치가 일품이다.
- * 주소 : Bryce Canyoun, Utah 84717-0001
- * 전화 : (435)834-5322
- * 홈페이지 : www.nps.gov/brca

수만 개의 바위기둥이 이채로운 풍경을 연출하는 브라이스 캐년.

기 시작했죠. 빗줄기와 눈, 얼음과 강물에 침식된 다양한 형태의 암석과 첨탑으로 이루어져 있는데, 일출과 일몰 때는 빛의 향연을 보여줍니다. 브라이스 캐년의 기묘한 첨탑 하나하나는 모두 물의 힘에 의해 만들어졌어요. 바다 밑 암석이 지상으로 우뚝 솟은 후 빗줄기와 강물의 힘에 의해 다시 토사로 변하여 흘러 내려갈 때, 침식되지 않고 남은 암석들이 무수한 첨탑을 이루었지요. 공원에는 향나무Cedar의 일종인 유타 주니퍼가 무성하여 진분홍의 땅 색깔과 강한 대조를 이루고 있어요. 주요 포인트는 아래 투어 멘토 여행 정보를 참고하시기 바랍니다.

브라이스 캐년 아래로 직접 내려가서
올려다보는 바위기둥은 또 다른 별천지다.

붉고 거대한 바위산이 연이어 늘어선 자이언 캐년은 남성적인 장엄함을 보여준다.

투어 멘티 : 브라이스 캐년에 비해 자이언 캐년은 어떤가요?

투어 멘토 : 많은 분들이 자이언 캐년을 '자이언트 캐년Giant Cayon'으로 잘못 알고 계시는데, 잘 생각해 보면 그 뜻도 맞다고 생각해요. 자이언 캐년이 거대한 바위 계곡이니까 말이죠. 그리고 공원 이름에는 '신의 정원'이라는 뜻이 담겨 있어요. 자이언은 유타 주 남부의 평원을 버진Virgin 강이 오랜 세월 침식하여 형성된 지형입니다. 강의 양 옆으로는 붉은 빛을 띠는 절벽과 바위들이 100미터 이상 늘어서

있어요. 형형색색의 모래바위, 뜨거운 태양, 황량한 사막과 생동감 넘치는 수풀 고원이 이루는 장엄한 경관이 일품입니다. 서부영화에서 한 번쯤 보았음직한 풍경이기도 하죠. 브라이스 캐년이 여성처럼 화려하고 섬세한 아름다움을 지닌 곳이라면, 자이언 캐년은 지극히 남성적인 아름다움을 지닌 곳입니다. 남성들은 브라이스 캐년이 지닌 여성적인 매력을 좋아하고, 여성들은 남성적인 매력을 지닌 자이언 캐년을 더 좋아하는 모습을 보면서 음양의 이치를 깨닫곤 합니다. 일설에 의하면 노아의 홍수 시기에 갑자기 많은 물이 빠져나가면서 자이언 캐년을 만들었다는 주장도 있습니다. 그것 때문인지는 몰라도 한국에서 창조과학회와 연관된 팀들이 많이 찾고 있습니다. 자이언 캐년은 마치 초콜릿 케이크처럼 여러 색깔의 지층으로 이루어져 장관을 연출하는 것이 특징입니다. 바다 밑에 퇴적된 모래 성분이 달라서 시대별 지질층의 색깔이 뚜렷하게 구분되는 것입니다. 수천만 년에 걸친 수성 암반의 융기와 침식 작용이 만들어 낸 대자연의 조화이지요.

투어 멘토의 여행 정보

● 자이언 캐년 국립공원 _ 주소 : Springdale, Utah 84767 /
전화 : (435)772-3256 / 홈페이지 : www.nps.gov/zion

지상 최고의 쇼를 한곳에서 보다

_ 황량한 사막에서 종합 엔터테인먼트 도시로 거듭난 라스베이거스

투어 멘티 : 라스베이거스는 미국 영화에 자주 나오기 때문에 미국에 와보지 못한 한국인에게도 매우 익숙한 도시입니다. 무엇보다 도박의 도시로 많이 알려져 있고, 미국 하면 가장 먼저 떠올리는 도시이기도 하죠.

투어 멘토 : '라스베이거스Las Vegas'는 에스파냐어로 '푸른 초원'이라는 뜻입니다. 사막 위에 인공적으로 건설된 도시인데, 그런 이름으로 불린다는 게 아이러니지요. 최 기자가 말한 것처럼 라스베이거스만큼 영화에 자주 등장하는 도시도 드물어요. 영화배우 니콜라스 케이지와 엘리자베스 슈를 스타로 만들어 준 영화 「라스베이거스를 떠나며Leaving Las Vegas」, 「CSI 라스베이거스」, 「라스베이거

스에서만 생길 수 있는 일What Happens In Vegas」등 라스베이거스를
배경으로 만든 할리우드 영화와 드라마는 셀 수 없을 정도로 많죠.
그중에서도 1995년에 나온 「쇼걸Showgirls」만큼 라스베이거스의 이
미지를 선명하게 보여준 영화도 드뭅니다. 여론의 거센 비난 탓에
비록 흥행에는 실패했지만, 라스베이거스 쇼의 환상적인 이미지를
잘 표현한 영화입니다.

투어 멘티 : 미국을 가야 하는 두 번째 이유로 라스베이거스를 꼽
으신 이유는 뭔가요?

투어 멘토 : 여행의 최고 가치는 보고 즐기는 것이라고 생각하기
때문입니다. 라스베이거스는 쇼의 도시라고 할 수 있습니다. 대자연
이 만든 그랜드 캐년에서 불과 서너 시간 떨어진 라스베이거스가 인
간이 만든 최대의 인공 도시라는 점도 기막힌 조화입니다. 그랜드
캐년이 대자연이 보여주는 쇼라면, 라스베이거스는 인간이 만든 최
고의 쇼를 보여줍니다. 호텔 안에서는 아트 서커스로 블루오션을 개
척한 '태양의 서커스Cirque du Soleil'가 펼치는 스펙타클한 KA·O·르
레브 공연, 셀린 디온의 감동적인 공연, 정통 라스베이거스 쇼 주빌
리Jubilee, 블루맨 등 라스베이거스에서만 볼 수 있는 쇼가 있어요.
물론 호텔 밖에서는 무료로 펼쳐지는 화산 쇼, 분수 쇼 등을 즐길
수 있습니다.

투어 멘티 : 라스베이거스 하면 '도박의 도시'라는 이미지가 가장
먼저 떠오릅니다. 그래서 방문을 꺼리는 분들이 많습니다.

투어 멘토 : 예전의 라스베이거스는 오로지 도박을 위한 도시였어요. 하지만 지금은 컨벤션, 전시회, 관광, 공연, 쇼핑, 레포츠 등 각종 위락 시설을 갖춘 종합 엔터테인먼트 도시로 탈바꿈했습니다. 호텔들은 제각기 수영장, 미술관, 수족관, 공연장, 백화점 등을 갖춘 하나의 리조트이고, 거리에는 아이 손을 잡고 관광을 하거나 쇼핑을 즐기는 가족 단위의 관광객들이 넘쳐납니다. 지금은 라스베이거스 관광청이 갬블 도시보다는 컨벤션 유치와 가족 여행을 위한 최적의 도시로 소개하고 있죠. 물론 라스베이거스는 여전히 도박의 도시이고, 밤새 불이 꺼지지 않는 환락의 도시입니다. 공항에 도착하자마자 홀을 가득 채운 슬롯머신을 접하게 되고, 어느 호텔을 가더라도 입구에서 객실에 이르기까지 공간이란 공간은 모두 슬롯머신이 차지하고 있습니다. 쇼핑을 하거나 식사를 하러 갈 때, 그리고 전시회와 공연을 관람하러 오고갈 때면 어김없이 수백 대의 슬롯머신을 지나쳐야 합니다. 그래서 도박을 좋아하는 사람은 유혹을 이겨내기가 아주 어려워요.

투어 멘티 : 라스베이거스는 사막에 세워진 거대한 인공 도시인데요, 이 도시의 역사가 궁금합니다.

투어 멘토 : 미국의 32대 대통령이었던 프랭클린 루즈벨트는 라스베이거스를 가리켜 '우리 손으로 일궈낸 21세기의 불가사의'라 칭하기도 했습니다. 19세기 말까지만 하더라도 이곳은 광업과 축산업이 주업인 작은 마을이었어요. 1931년에 네바다 주 의회가 미국 최

고대 로마제국의 영광을 재현한 시저스 팰리스 호텔(사진, 위)과 리비에라 호텔이 있는
스트립 대로를 따라 멀리 스트라토스피어 타워가 보인다(사진, 아래).

뉴욕 맨해튼과 자유의 여신상을 축소해 놓은 뉴욕뉴욕 호텔.

초로 카지노를 합법화하였고, 후버댐 공사가 시작되면서 노동자들
이 몰려들게 되었죠. 그때부터 모텔과 식당, 클럽, 도박장 등이 들
어서게 되면서 비로소 도시로서의 면모를 갖추게 되었습니다. 그러
다가 1946년에 전설적인 마피아 '벤자민 벅시 시걸'이 최초의 현대
식 호텔 플라밍고를 지은 이후 마피아와 기업 자본이 유입되면서
현대적인 도시로 발전하게 되지요. 20세기 후반 들어 세 명의 거물
이 라스베이거스 개발에 뛰어들면서 오늘날과 같은 종합 엔터테인
먼트 도시로서의 면모를 갖추게 됩니다. 그 당시 세 명의 거물은 시
저스 팰리스 호텔, 서커스서커스 호텔을 지어 가족 단위 관광객을
불러들인 도박사 출신의 '제이 사노', 도시를 리모델링한 MGM 그

거리마다 휘황찬란한 네온사인으로 라스베이거스는 밤이면 더욱 화려한 야경을 자랑한다.

룹 회장 '커크 커코리언', 호텔 벨라지오와 윈 등을 지은 호텔계의 전설 '스티브 윈'을 가리킵니다. 이들은 지속적인 컨셉 개발을 통해 테마형 호텔을 짓는 한편, 다양한 위락 시설을 만들어 관광객 유치에 앞장선 선두주자들로 인정받고 있지요.

　투어 멘티 : 결국 라이벌 간의 경쟁이 오늘과 같은 발전을 가져왔군요?

　투어 멘토 : 그렇습니다. 지금도 라스베이거스는 계속 진화하고 있어요. 단일 공사로는 지상 최대인 아리아, 코스모폴리탄 등 시빅

수로가 흐르는 베네시안 호텔에는 호텔 내부에 관광객을 태운 배가 운항된다.

센터에 새로운 호텔들이 속속 등장하고, 기존의 호텔은 지속적인 리모델링을 통해 변화를 쫓아갑니다. 쇼도 마찬가지에요. 세계인의 마음을 붙잡기 위해 환상적인 쇼를 계속 만들어 가고 있어요. 관광객들의 욕구를 충족시키지 못하는 쇼는 과거에 아무리 유명한 쇼였다고 해도 역사의 뒤안길로 사라지고 맙니다.

라이벌 간의 치열한 경쟁으로 상상을 뛰어넘는 환상적인 쇼가 등장하면서 도시의 이미지가 바뀌었다. 라스베이거스의 쇼는 호텔왕 스티브 윈이 가장 먼저 시작했다. 윈은 천문학적인 돈을 들여서 짓는 호텔마다 대성공을 거두었다. 그는 호텔왕답게 "카지노에서 돈을 버는 방법은 딱

한 가지, 카지노 호텔을 짓는 것이다"라는 말을 하기도 했다. 하지만 그는 누구보다도 볼거리가 사람을 끌어당긴다는 속성을 간파했다. 돈을 주고 봐도 아깝지 않을 쇼를 무료로, 그것도 개방된 거리에 내보이는 기상천외한 아이디어를 냈다. 미라지 호텔 앞에서 그 유명한 '볼케이노 쇼'를 만들어 치솟는 화염으로 화산이 폭발하는 장면을 보여주었고, 벨라지오 호텔을 설계할 때는 세계에서 가장 아름다운 '분수 쇼'를 만들어 관광객들의 이목을 집중시켰다. 이러한 그의 노력은 다른 호텔 그룹을 자극시켜 더욱더 볼만한 쇼를 개발하고, 관광객을 유치하는 경쟁으로 이어졌다.

라스베이거스 스트립 대로를 처음 방문한 사람이라면 누구나 그 웅장함과 호화로움에 놀라게 된다. 1마일 구간의 길을 따라 줄지어 서 있는 호텔들은 하나같이 초호화 인테리어와 최고급 서비스, 다양한 엔터테인먼트를 제공한다. 많은 호텔들이 세계적인 관광 명소를 테마로 지어져 있는데, 이탈리아의 베네치아, 파리 거리와 에펠탑, 뉴욕의 마천루, 이집트의 피라미드 등을 그대로 본떠 만들어졌다. 이곳의 호텔을 둘러보는 것은 라스베이거스를 즐기기 위한 첫걸음이라 할 수 있다.

투어 멘티 : 요즘엔 쇼를 보기 위해 라스베이거스에 간다는 분들이 많습니다. 쇼에 대해서 기본적으로 알아 두어야 할 것이 있으면 말씀해 주시죠.

투어 멘토 : 라스베이거스 쇼는 크게 무료 쇼와 유료 쇼로 나눌 수 있어요. 벨라지오의 분수 쇼, 미라지의 볼케이노 쇼, 트레저 아일랜드의 사이렌스 오브 TI, 시저스 포럼 숍스 내의 아틀란티스가

대표적인 무료 쇼입니다. 유료 쇼는 유명 스타들을 초청해서 여는 부정기 쇼와 태양의 서커스로 대표되는 정기 쇼로 나뉩니다. 최근 한국에서도 '퀴담', '알레그리아' 등의 공연으로 친숙해진 태양의 서커스는 라스베이거스 유명 호텔에 상설 공연장을 보유하고 있어요. 최근 엘비스 프레슬리의 음악과 춤을 드라마틱하게 재현한 '비바 엘비스'가 일곱 번째로 선보이는 프로그램입니다. 그중 가장 인기 있는 쇼로는 'O', 'KA', '르 레브' 등이 있습니다.

라스베이거스를 찾는 관광객들에게 있기 있는 쇼를 소개하면 다음과 같다.

● **분수 쇼** _ 세계 4대 호텔 중의 하나로 꼽히는 벨라지오 호텔 앞에 만들어진 인공 호수에서 26층 높이까지 치솟는 분수 쇼. 일명 '물의 쇼'라고 한다. 1,000개 이상의 물줄기들이 엄청난 높이로 솟구치며 음악에 맞춰 춤을 춘다. 특히 밤에는 불빛과 어우러져 더욱 환상적인 분위기를 연출한다.
* 주소 : 3600 Las Vegas Blvd., Las Vegas, NV 89109

● **볼케이노 쇼** _ 미라지 호텔 앞 정글 속 분화구와 분수를 배경으로 펼쳐지는 화산 쇼. 스트립 거리를 뒤흔드는 화산 폭발음과 100피트(30여 미터) 높이로 치솟아 오르는 물기둥은 실제로 용암이 분출하는 것처럼 느껴질 정도다. 오후 7시부터 15분마다 공연이 있다.
* 주소 : 3400 Las Vegas Blvd., Las Vegas, NV 89109

벨라지오 호텔 로비에는 유리 공예의 명인 '데일 치후리'가
디자인한 환상적인 빛깔의 작품이 천장을 수놓고 있다.

벨라지오 호텔 공연장에서 물을 주제로 펼쳐지는 환상적인 'O쇼' 공연을 마친 아티스트들이 분장 차림을 한 채 한자리에 모였다. 라스베이거스에서 꼭 관람해야 할 대표적인 쇼로 꼽힌다. (사진 : Cirque du Soleil 제공)

• **사이렌스 오브 TI**(The Sirens of TI) _ TI 호텔(트레저 아일랜드 호텔) 앞에서 펼쳐지는 해적선 전투 쇼. 남성을 태운 배와 여성을 태운 배가 서로 싸움을 벌이는 무료 쇼로 인기가 높다. 사이렌은 그리스 신화에서 노랫소리로 선원을 홀려 배를 난파시켰다는 바다의 요정이다. 포화와 대포의 실감나는 효과음, 화려한 장치의 물과 불꽃이 볼만하며, 섹시한 여성 댄서들의 의상도 관광객들의 눈길을 끈다.

 ⋮ 아주 좋아! 미국 서부

● O 쇼 _ 벨라지오 호텔 공연장에서 570만 리터의 물과 함께 80여 명의 아티스트가 펼치는 쇼. 무대에 거대한 풀장을 설치하여 펼쳐지는 독창적인 쇼로서 물속에서는 수중 발레를, 물 위에서는 공중 그네를 타면서 풀장을 향해 다이빙을 하는 등 연속적으로 펼쳐지는 퍼포먼스가

변화무쌍한 무대와 스릴 넘치는 공연으로 유명한 MGM 호텔의 KA쇼. (사진 : Cirque du Soleil 제공)

관객의 시선을 사로잡는다. 설치된 풀장의 바닥을 상하로 움직여 수심
을 바꾸는 등 무대 장치의 기술이 뛰어나다. 라스베이거스에서 공연 중
인 시르크 뒤 솔레이Cirque du Soleil 쇼 가운데 유일하게 한국인 여성
단원이 수중 발레 아티스트로 공연에 참여하고 있다.

＊ 예약 : www.bellagio.com

● KA 쇼 _ 카 쇼KA Show는 MGM 그랜드 호텔에서 공연하는 쇼로
서 2005년 2월에 개장했다. 극장과 무대 설치비로 2억2천만 달러가 들
었다고 한다. 쇼는 서로 떨어져 살게 된 쌍둥이 남매가 운명에 이끌려

위험한 여행을 떠나는 이야기로 시작된다. '카KA'란 고대 이집트에서 믿던 인간의 마음에 깃든 여러 영혼을 총칭하는 말이다. 물, 공기, 흙, 불의 네 가지 장면으로 이루어져 있으며, 75명의 연기자가 서커스, 음악, 디지털 장비를 총동원해서 최고의 감동을 선사한다. 권선징악을 소재로 하여 1시간 30분 동안 한시라도 눈을 뗄 수 없게 만드는 웅장하고 스릴 있는 쇼로 유명하다.

* 예약 : www.mgmgrand.com/ka

● 르 레브 쇼 _ 호텔왕 스티브 윈이 쇼 제작자에게 자신이 만든 벨라지오 호텔의 'O 쇼'를 능가하는 최고의 쇼를 만들어 달라고 요청해 만들어졌다고 한다. 프랑스어로 '꿈'이라는 뜻에 걸맞게 70여 명의 배우가 380만 리터의 물에서 꿈을 꾸고 있는 듯한 착각이 들 정도로 환상적인 공연을 펼친다.

* 예약 : www.wynnlasvegas.com/shows

'태양의 서커스'의 다른 쇼로는 트레저 아일랜드 호텔에서 공연되고 있는 현란한 의상과 애크러배틱이 어우러진 '미스티어', 에로틱 태양의 서커스로 미성년자 관람 불가인 뉴욕뉴욕 호텔의 '주매니티', 비틀스 음악으로 아름답게 꾸며진 미라지 호텔의 '러브' 등이 있다. 시티센터의 아리아 호텔에서는 라스베이거스의 상징이라고도 할 수 있는 엘비스 프레슬리의 삶을 담은 '비바 엘비스'를 공연한다.

그 밖의 쇼로는 시저스 팰리스 호텔에서 열리는 팝의 여왕 셀렌 디온의 공연과 토니 상에 빛나는 '저지 보이스'는 팔라조 호텔에서 공연되고 있다. 베네시안 호텔에서는 한국에서도 공연을 펼친 적이 있는 '블루

맨 그룹'의 공연이 열리고 있으며, 몬테카를로 시어터의 랜스 버튼 마술
쇼, 라스베이거스의 정통 댄서가 보여주는 발리스의 주빌리는 가장 유
명하다. 관람 티켓은 해당 호텔의 티켓 오피스에서 구입해야 하며, 전화
와 인터넷으로도 예약이 가능하다.
 * 쇼 예약 홈페이지 : www.vegas.com/shows,
 www.lasvegastourism.com

투어 멘티 : 라스베이거스에서 최고급 테마 호텔을 꼽는다면 어
디일까요?

투어 멘토 : 사실 라스베이거스 호텔은 제각기 자신만의 테마와
개성을 자랑하기 때문에, 자신의 취향에 따라 골라보는 재미도 제
법 큽니다. 베네시안 호텔의 전면은 베네치아의 '샌 마르코 광장'으
로 되어 있는데, 내부로 들어가면 유대인 상인 샤일록이 등장하는
세익스피어의 명작 『베니스의 상인』의 배경이 된 리알토 다리와 구
겐하임 에르미타주 미술관이 있어요. 베네치아의 실제 모습을 연상
케 하는 운하에서 곤돌라를 타고 지나갑니다. 패리스 호텔에는 프
랑스에 있는 실물을 약간 작게 만든 개선문과 에펠탑(140미터)이 있
어요. 에펠탑 전망대는 라스베이거스의 야경을 한눈에 즐길 수 있
는 최고의 장소로 알려져 있죠. 라스베이거스 최고 명물 중의 하나
인 스트라토스피어 전망대(350미터)에 비하면 다소 낮지만, 스트립의
중심에 있기 때문에 에펠탑 전망대에 오르면 동서남북 어느 쪽이든
그림 같은 경치를 볼 수 있어요. 특히 이곳은 길 건너편 벨라지오

벨라지오 호텔 앞에서 펼쳐지는 화려한 분수 쇼 뒤로 파리스 호텔의 에펠탑이 보인다.
에펠탑은 라스베이거스의 야경을 한눈에 조망할 수 있는 곳이다.

호텔의 현란한 분수 쇼를 한눈에 볼 수 있어서 많은 이들에게 사랑을 받는 곳입니다. 모나코의 화려한 휴양 도시 이름을 딴 몬테카를로 호텔, 이집트 분위기를 물씬 풍기는 피라미드와 스핑크스가 인상적인 룩소 호텔, 황금빛으로 번쩍이는 맨달레이 베이 호텔을 한눈에 보게 된다면 라스베이거스의 화려함을 실감하게 될 겁니다. 보물섬을 꾸며 놓은 트래져 아일랜드 호텔과 근무자들이 유럽의 중세 시대 복장을 하고 있는 엑스칼리버 호텔은 마치 놀이공원에 온 것 같은 느낌을 줍니다. 뉴욕뉴욕 호텔은 뉴욕을 상징하는 건물들로 이루어져 있으며, 미라지 호텔은 호텔 앞 인공폭포에서 펼쳐지는 화산 쇼로 유명합니다. 특히 시원하게 떨어지던 폭포수가 갑자기 불바다로 바뀌면서 아찔한 재미를 선사합니다. 고대 로마를 그대로 재현한 듯한 시저스 팰리스 호텔은 로마 제국의 조각 예술품들로 꾸며져 있어서 마치 박물관을 연상시킵니다. 천장에 그려진 하늘 그림을 보면 누구나 탄성을 지르고 말죠. 게다가 매시간 말을 거는 분수대 조각과 로마 시대 복장을 한 안내원들을 보면 색다른 재미를 느낄 수 있어요.

투어 멘티 : 올드 다운타운 프리몬트 거리를 방문하는 관광객도 늘고 있다는데, 어떻습니까?

투어 멘토 : 스트립 거리에 있는 호텔들을 모두 둘러봤다면 라스베이거스의 올드 다운타운 호텔을 방문해 보는 것도 좋습니다. 사실 미국인들 중에는 번잡하고 비싼 스트립의 특급 호텔보다 저렴하

고 조용한 다운타운 호텔을 선호하는 사람들이 많아요. 프리몬트 스트리트에 위치한 프리몬트 카지노 호텔은 세계 최고의 금덩이가 있는 골든 너겟 호텔 등과 함께 프리몬트 거리를 덮는 돔형 천장에 수백만 개의 전구를 꽂아 전구 쇼를 개최했어요. 하지만 시간이 흐르면서 개보수가 어렵고, 시대에 뒤떨어졌다는 평가를 받자 LED 화면을 설치하는 등 대대적인 리모델링 공사를 하게 되죠. 이 공사를 LG전자 등에서 맡아 한국에도 알려졌던 것으로 압니다. 200미터 높이의 천장 화면에서는 오후 6시부터 매시간 6분 동안 수만 개의 LED 전구가 발산하는 수만 가지 빛의 제전이 펼쳐집니다. 종종 관광객들이 LED 전구 쇼의 흥겨운 음악에 맞춰 춤추는 진풍경을 볼 수 있습니다.

여행은 힐링이다

자연의 품속에서 마음의 상처를 치유하다

여행은 힐링입니다. 좋은 것을 보고, 좋은 소리를 듣고, 즐겁게 웃으며 대화를 나누면 스트레스가 저절로 날아갑니다. 엔도르핀이 팍팍 솟고, 면역력이 강화되니까 자연스럽게 치유가 됩니다. 여행을 하면 마음의 상처와 육신의 병도 치유되는 효과가 있습니다. 치매에 걸린 남편이 아내와 함께 여행을 왔는데, 여행지에서 의식을 회복했던 기적 같은 일을 목격한 적도 있습니다. 미국에는 힐링에 도움이 되는 여행지가 아주 많습니다. 특히 여행을 왔던 암 환자가 세도나를 다녀간 후 삶에 대한 의욕을 되찾은 것은 물론, 건강을 회복했다는 사례도 심심찮게 들을 수 있습니다.

No. **3**

마음의 안식처 '힐링 캠프'를 찾아서

_ 모뉴먼트 밸리, 세도나, 헨리 코웰 레드우드 주립공원

투어 멘티 : 직장 생활이 점점 힘들어지고, 인간관계가 팍팍해지는 생활을 오래 하다 보니 마음을 다치는 경우가 많습니다. 미국에는 여행을 즐기는 동시에 마음까지 치유할 수 있는 그런 여행지가 많다고 들었습니다. 추천할 만한 곳이 있으면 소개해 주시죠.

투어 멘토 : 마음을 치유하는 데는 시간보다 좋은 약이 없지요. 세월은 고통스러운 기억을 잊게 만들어 주는 명약입니다. 그런 점에서 여행은 망각의 시간을 단축시켜 주는 역할을 하지요. 힐링에 좋은 여행지로는 세 곳을 추천하고 싶군요. 그곳은 바로 모뉴먼트 밸리Monument Valley 국립공원과 세도나Sedona, 레드우드Redwood 주립공원입니다.

붉은 흙먼지가 휘날리는 황야에 우뚝 솟은 거대한 바위기둥은 경외감을 들게 한다.

어디서 온 기둥일까? 주변에는 그와 비슷한 구릉조차 없는 곳에 우뚝 솟아 있다. 빙하의 작용과 지반의 융기 작용 때문이라는 설명도, 왜 하필 이곳에 이런 바위기둥이 하늘을 향해 치솟아 있는지도 설명하지 못한다. 시간은 보이지 않는다. 시간은 색채가 없는 추상적인 무엇이다. 이 관념적인 것이 지나면 생물은 생로병사를 거듭한다. 자연에는 흔적이 남아 퇴적되어 쌓인다. 눈이 내리던 날, 인디언들에게 성지로 불리는 그곳을 보기 위해 그랜드 캐년에서 몇 시간 동안 차를 타고 달려간 끝에 도착했다. 모뉴먼트 밸리 근처에 있는 페이지Page 시. 마치 도시 이름처럼 역사의 한 페이지를 장식하는 곳처럼 느껴졌다. 도착하자마자 인디언 부족에서 운영하는 지프차 투어에 몸을 맡겼다. 두 시간 동안 먼지를 휘날리면서 붉은 황톳길을 달렸다. 입구에서부터 끝없이 펼쳐진

황야 한 복판에 세 개의 거대한 바위가 우뚝 솟아 있다. 깎아지른 절벽
기둥이 황야에 나 홀로 솟아 있는 것이 경이로움으로 다가왔다.

투어 멘토 : 모뉴먼트 밸리는 나바호 정부에서 관리하는 나바호
부족 공원입니다. 약 2억7천만 년 전의 지층이 드러난 것으로, 침식
과 풍화 작용에 의해 형성된 곳이지요. 이곳에 오지 못한 분들도 익
숙하게 느껴질 텐데요. 영화 때문이죠. 이곳은 존 웨인이 주인공으
로 등장하는 「역마차」가 촬영된 이후 「황야의 무법자」, 「석양의 건
맨」 등 서부영화의 주옥같은 명작들이 탄생한 곳입니다. 지금도 영
화의 무대로 자주 등장하고 있지요.

투어 멘티 : 그러고 보니 영화 「포레스트 검프」의 주인공 톰 행크
스가 달리다가 갑자기 멈춘 곳도 이곳이었네요. 또 「미션 임파서블
2」에서 톰 크루즈가 절벽을 오르는 장면도, 「2001년 스페이스 오디
세이」의 무대가 된 곳도 이곳이었군요. 모뉴먼트 밸리는 뭔가 특별
한 느낌을 줍니다.

투어 멘토 : 나바호 인디언 부족들은 이곳을 성지로 여기고 있어
요. 그들은 모든 것이 하나로 연결되어 있다고 믿고 있지요. 지나가
는 것들은 사라지는 것이 아니라 바로 이곳 모뉴먼트 밸리에 존재
한다고 그들은 믿고 있습니다. 이곳에는 인디언 부족의 슬픈 역사
가 담겨 있어요. 1860년, 나바호 인디언 부족은 미국 정부와의 전쟁
에서 패한 후 뉴멕시코 '포트 서머Fort Summer'에서 전쟁 포로로 비

참하게 살아가게 됩니다. 1868년, '나바호 협정'을 맺을 때 백인들은 인디언에게 세 가지 제안 중에 하나를 선택하라고 강요합니다. 첫째는 기름진 땅에 농사를 짓고 사는 것, 둘째는 요새 인근에서 사는 것, 셋째는 백인들이 '악마의 땅'이라 부르는 삭막한 모뉴먼트 밸리로 이주할 것을 제안했지요. 인디언들은 주저하지 않고 메마른 땅, 그렇지만 조상의 영혼이 깃든 모뉴먼트 밸리를 선택합니다. 맨발로 560킬로미터를 걸어서 이주하여 목축을 유일한 생계로 삼았던 인디언의 아픈 역사가 담겨 있지요.

나는 땅 끝까지 가보았네.
물이 있는 곳 끝까지 보았네.
나는 하늘 끝까지 가 보았네.
산 끝까지도 가 보았네.
하지만 나와 연결되어 있지 않은 것은
하나도 발견할 수 없었네.
　　　　- 나바호 부족의 전승 노래에서

　나바호 부족의 언어에는 그들의 철학이 고스란히 담겨 있다. 그들의 언어는 자연과 어울려진 바람의 소리라 불린다. 마치 바람에 실려 오는 영혼의 소리와 같아서 모르는 사람이 들으면 바람결에 속삭이는 소리처럼 들린다.

 : 드럼 연주자인 닐 퍼트Neil Peart는 『고스트 라이더 Ghost Rider』라는 책을 통해 아내와 딸을 잃고 치유 여행을 떠난 이야 기를 쓴 적이 있습니다. 그 책 표지에 오토바이를 타고 모뉴먼트 밸 리를 달리는 그의 뒷모습이 담겨 있지요. 이 한 장의 사진에는 서부 의 척박함과 외로움, 그리고 한편으로는 무한한 자유로움이 담겨 있습니다. 개인적으로 이곳이 '힐링의 땅'이라고 생각하게 된 계기 가 있어요. 저와 여행을 함께했던 노부부가 있었는데, 할아버지가 치매 증상을 앓고 있어서 할머니를 잘 알아보지 못했어요. 평소에 낮에는 같이 잘 다니다가 저녁이 되면 할머니에게 "고맙습니다. 이 제 가서 쉬세요."라고 깍듯하게 인사를 하고는 할머니를 밖으로 내 보냈다고 해요. 여행을 와서도 마찬가지였어요. 하는 수 없이 할머 니는 할아버지가 잠이 들 때까지 나와 있다가 몰래 방으로 들어가 잠을 잤지요. 그런데 모뉴먼트 밸리에서 잠을 자고 난 다음 날이었 어요. 아침에 잠에서 깬 할아버지가 잠자던 할머니를 흔들어 깨우 면서 "할멈, 어딜 다녀왔어?"라고 물었다는 거예요. 할머니는 깜짝 놀라서 이것저것 물었는데, 할아버지가 정확하게 대답했어요. 드디 어 제 정신으로 돌아온 거죠. 그 뒤로 난리가 났어요. 할머니는 어 쩔 줄 몰라 하며 기쁨의 눈물을 흘렸고, 함께 여행 온 관광객들은 기적이 따로 없다면서 할머니와 할아버지에게 축하 인사를 건넸어 요. 그야말로 감동의 도가니였지요.

 : 그런 일이 있었다니, 참으로 놀랍군요. 이런 힐링이

일어나는 곳으로 모뉴먼트 밸리 외에 다른 곳도 알려 주세요. 지구에서 기氣가 가장 센 곳이라고 하여 한국의 계룡산에서 도를 닦은 사람들도 온다는 세도나는 어떨까요?

투어 멘토 : 세도나는 지구상에서 가장 강력한 전기 파장인 볼텍스Vortex가 넘치는 신비의 땅입니다. 명상 여행을 즐기기엔 최적의 명소라고 할 수 있죠. 아메리칸 원주민들은 이 땅을 신성하게 여겼고, 아픈 사람이 이곳을 찾아와 병을 고쳤다는 말이 전해질 정도로 기氣가 충만한 곳입니다. 지금은 은퇴한 노인들이 이곳으로 몰려오는 바람에 주민들의 평균 연령이 50세를 훌쩍 넘지요. 최근에는 한국에서 뇌호흡으로 유명한 선사가 이곳에 명상센터를 세우면서 한국에도 많이 알려진 것으로 압니다.

'애리조나'는 아메리카 원주민의 토착어로 '샘'이라는 뜻이다. 사막과 바위산이 대부분인 애리조나의 '샘'은 바로 세도나를 가리키는 말이다. 이곳에는 물이 흐르고, 물은 숲을 키워냈다. 나바호족, 야바파이족, 아파치족 등의 원주민들이 이곳 주변에 주거지를 마련하고 살았

세도나 주변에 솟아 있는 거대한 바위는 아름다운 일출과 석양을 바라보며 명상을 할 수 있는 최고의 장소다.

세도나 관광에서 빠질 수 없는 채플 오브 홀리 크로스.

지만, 백인들에 의해 그랜드 캐년 등지로 내몰렸다.

원주민이 떠난 신성한 땅에 백인들은 '세도나'라는 이름을 붙였다. 세도나는 1901년 세도나 우체국 설립 승인을 받아낸 쉬네블리의 아내 이름이다. 처음에는 남편인 '쉬네블리'의 이름을 지명으로 정했지만, 부르기 힘들다는 이유로 1년 만에 아내의 이름인 '세도나'로 바꾸었다는 재미난 일화가 있다.

세도나에는 이 땅의 신통한 치유력을 믿는 명상가, 영적 감동을 얻고자 하는 예술가들이 하나 둘씩 모여들면서 이국적이고 독특한 문화를 이루고 있다. 1~2만 명밖에 안 되는 주민 숫자에 비해 이곳을 찾는 관광객은 연간 500여만 명에 이른다. 그랜드 캐년을 찾는 관광객보다 많은 수다.

투어 멘토 : 세도나 관광청에서 제공하는 안내 책자의 첫머리에는 이런 문구가 나옵니다. '세도나를 처음 찾는 이의 입에서 감탄사가 나오지 않는다면, 다른 일을 하고 있거나 잠을 자는 중일 것이다.' 세도나에 이르는 구불구불한 길가에 올곧게 뻗어 있는 나무들과 계곡이 이루는 절경, 푸른 하늘과 붉은 바위들이 어우러진 절묘한 풍경은 입을 벌어지게 하고, 자신도 모르게 카메라를 꺼내 들게 만듭니다. 세도나에 도착하면 기가 가장 강한 곳으로 알려진 벨락 뒤쪽의 산책 코스를 따라 올라가 볼 것을 적극 추천합니다.

- **벨락**Bell Rock _ 명상가들의 말에 따르면 사람이 깊은 명상 상태에서 느끼는 뇌파인 '세타파θ wave'와 동일한 전기 파장이 강력하게 분출되는 곳을 '볼텍스Vortex'라고 하는데, 현재 지구상에는 21개의 볼텍스가 있다고 한다. 이 중 5개가 세도나 국립공원 내에 있으며, 그중에서 가장 강한 볼텍스가 벨락이다. 정면에서 보면 거대한 벨Bell처럼 보인다. 앞쪽은 가파르기 때문에 사람이 접근할 수 없지만, 뒤로 돌아가면 산책 코스가 마련되어 있어서 비교적 쉽게 정상 가까이 오를 수 있다. 굳이 암벽을 타고 정상까지 오르지 않아도 지구의 기운을 느낄 수 있으므로 암벽을 타는 모험은 하지 않아도 된다.

- **커디드럴 락**Cathedral Rock _ '대성당 바위'로 불리는 이곳은 경치가 아름다워서 이 지역을 담은 사진 속에 가장 많이 등장하는 장소이며, 수많은 서부영화의 배경이 되기도 했다. 그 이름에서 알 수 있듯이 대성당 바위는 언뜻 보면 고딕 양식의 건축물을 떠올리게 하는 거대한

바위산이다. 세도나 일대를 한눈에 바라보고 싶다면 이곳을 추천한다.

● **에어포트 메사**Airport Mesa _ 대성당 바위가 세도나 일대를 조망하기에 좋다면, 이곳은 세도나 도시 전체를 한눈에 내려다볼 수 있는 최고의 명소다. 나지막한 언덕에 위치한 에어포트 메사에 오르면 세도나 도시 전체는 물론 병풍처럼 펼쳐진 붉은 바위들을 조망할 수 있다. 유명 만화의 주인공 스누피가 누워 있는 모습과 같다고 하여 이름 붙여진 '스누피 바위', 커피포트처럼 생긴 '커피 팟 바위', '굴뚝 바위' 등 세도나의 유명한 바위들을 찾아보는 것도 큰 재미가 된다. 에어포트 메사는 일출과 일몰을 가장 잘 볼 수 있는 곳으로도 유명하다. 특히 저물어 가는 해와 붉은 산, 붉게 물든 구름이 연출하는 숨 막힐 듯한 일몰은 한번 보면 평생을 두고 잊기 힘든 장관이다.

● **보인톤 캐년**Boynton Canyon _ 낮에는 금빛, 저녁에는 붉은 빛으로 물드는 장엄한 위용을 뽐내는 바위. 사람들에게 많이 알려진 보인톤 계곡은 제법 긴 산책 코스를 가지고 있다. 세도나에서 가장 신성한 장소로 꼽히는 이곳 입구에는 '카치나의 여인'이라 불리는 바위가 있다. 이 바위 앞에서 명상을 하면 지구의 영혼을 만날 수 있다는 전설이 전해져 내려온다. 아메리칸 원주민은 이곳에 들어가기 전에 제사를 지냈다고 한다. 입구를 지나면 두 갈래 길로 나뉘는데, 왼쪽으로 가면 숲을 지나 보인톤으로 이르는 3시간 정도의 산책 코스로 이어진다. 오른쪽으로 가면 짧지만 아름다운 붉은 바위를 감상 할 수 있는 30여 분 정도의 산책 코스로 이어진다.

세도나로 가는 애리조나 평원을 지나다 보면
곳곳에 아름드리 선인장들을 볼 수 있다.

● **마고 가든**Mago Garden _ 최근 새롭게 떠오르고 있는 세도나의 다섯 번째 볼텍스. 사람의 형상을 하고 있는 열두 개의 작은 볼텍스로 이루어져 있으며, 이곳을 지나가기만 해도 지구의 어머니 '마고가이아(Mago Gaia : 그리스 신화에 나오는 대지의 여신)'의 기운을 느낄 수 있다고 해서 이름 붙여진 곳이다. 세도나에서 가장 온화한 기운을 느낄 수 있다고 한다.

* 문의 : www.visitsedona.com

투어 멘티 : 이제 숲이 각광받는 시대가 왔습니다. 코끝을 매만지는 나무향의 싱그러움에 취해 숲을 거닐다 보면 평화로움과 충만함을 온몸으로 느끼게 됩니다. 지친 심신을 달래기에 좋은 숲으로는 어디가 있을까요?

투어 멘토 : 캘리포니아의 국립공원과 주립공원은 무려 300개나 됩니다. 그중에서 해안 지역과 내륙의 고지대 산맥을 온통 뒤덮고 있었던 레드우드Redwood를 보호하기 위해 지정된 공원들은 캘리포니아 숲의 진수를 보여줍니다. 고요한 레드우드 숲은 경이로움 그 자체라고 할 수 있어요. 요란한 도시 소음에 익숙한 귀는 원시림이 들려주는 자연의 소리에 잠시 마비되고, 척박한 도시 공기에 지친 몸은 숲의 촉촉한 공기에 쌓여 대자연의 일부로 돌아갑니다.

수백 년이나 된 레드우드 나무에서 내뿜는 공기는
도시에서 지친 심신을 달래기에 그만이다.

숲속을 오르내리는 증기 열차 뒷좌석에 앉으면 하늘로 치솟은 레드우드 나무들이 내뿜는
상쾌한 여운을 편안히 만끽할 수 있다.

캘리포니아에 대해 이야기해 보면 로스앤젤레스와 샌프란시스코 등의 도회적 이미지를 연상하는 사람이 많지만, 자연의 풍부함과 다채로움을 즐길 수 있는 드넓은 숲이야말로 캘리포니아의 진면목이라 할 수 있다. 레드우드는 지구상 현존하는 가장 오래된 생명체일 뿐만 아니라 나무 둘레와 키가 가장 넓고 크며, 광범위한 지역에 퍼져 있던 나무다. 무려 1억 년 전부터 지구에 존재했다고 한다. 인류의 기원이 500~700만 년 전이고, 현생 인류 문명의 시작이 대략 1만 년 전이라 하니, 지구를 기억하는 소중한 생명체임이 틀림없다.

19세기 초까지만 해도 현재의 오리건 남부와 캘리포니아 중부 해안 일대는 온통 레드우드 숲이었다고 한다. 그 규모가 약 200만 에이커(1에이커는 1,224평)에 달했지만, 지난 170년 동안 모두 베어지고 불과 4%만이 남아 있다. 1848년 새크라멘토 일대에서 금광이 발견되자 골드러시가 시작되었고, 수천 년을 자란 레드우드는 황금을 찾아 유입된 사람들에 의해 목재로 사용되면서 철저하게 파괴되었다. 1918년에 이르러서야 레드우드를 보호해야 한다는 시민단체가 조직되었고, 그때부터 숲의 보존이 시작되어 지금에 이르고 있다.

투어 멘토 : 가장 큰 규모로 보존된 레드우드 숲은 오리건 주에 있는 레드우드 국립공원입니다. 하지만 그곳에 가려면 샌프란시스코에서도 북쪽으로 480여 킬로미터를 더 가야 합니다. 그래서 로스앤젤레스를 거쳐 여행하는 관광객들이 목적지로 삼기에는 무리가 따릅니다. 레드우드 숲은 캘리포니아 중부 해안 지역 일대에 드넓게 펼쳐져 있기 때문에, 로스앤젤레스에서 반나절만 차로 달려도 닿을 수 있는 레드우드 숲이 여럿 있습니다. 그중에서 산타크루즈 카운티의 헨리 코웰 레드우드 주립공원은 사람들이 가장 많이 찾는 레드우드 숲입니다. 하늘을 찌를 듯이 솟아오른 레드우드 숲을 거닐며 삼림욕을 하고, 계곡물에 발을 담그고, 정성스럽게 싸간 도시락을 먹을 수도 있어요. 이곳에서만 즐길 수 있는 특별한 즐길 거리로 색다른 추억을 만들기에는 제격이라고 할 수 있죠.

헨리 코웰 레드우드 주립공원Henry Cowell Redwood State Park에 가면 폭이 약 1미터 정도밖에 되지 않는 증기 협궤열차를 타고 원시 숲을 둘러보는 이색적인 체험을 할 수 있다. 짧지 않은 1시간 구간을 달리지만, 도착하면 아쉬움이 남을 만큼 색다른 재미를 느낄 수 있다. 열차는 1분마다 증기를 뿜어내는데, 증기를 내뿜으면서 나는 휘슬소리에 사람들은 박수를 치며 즐거워한다. 선로는 아슬아슬한 절벽을 따라 연결되어 있고, 까마득히 높은 나무다리를 지나 가파른 언덕길을 오르는 열차는 마치 놀이공원의 롤러코스터처럼 스릴을 준다. 정상에 도착하면 15분 정도의 짧은 휴식을 취하게 되며, 아쉬움을 남긴 채 내려오게 된다. 여름에는 하루 4회 운행하고, 나머지 계절은 주말과 휴일에 하루 3회, 주중에는 하루 1회 운행한다.

* 홈페이지 : www.parks.ca.gov

투어 멘토 : 레드우드 숲은 습한 날에 그 아름다움이 더 돋보입니다. 해안에서 발생한 습한 안개가 숲에 가득 차면 연둣빛 이끼 낀 레드우드와 습기를 빨아들여 한껏 생기가 넘치는 어른 키와 맞먹는 고사리가 어우러져 절정의 아름다움을 드러내지요. 상쾌한 공기를 들이마시며 숲을 거닐고, 바라보는 것만으로도 마음이 시원해지는 체험을 하게 될 것입니다.

여행을 하는 동안 자신을 들여다볼 수 있다면, 그 순간부터 힐링이 시작된다. 평소에 자신을 얽매고 있던 환경과 마음의 부담을 잠시 내려놓을 수 있다면, 더없이 귀한 시간이 될 것이다. 또한 여행을 떠나오기 전보다 훨씬 더 가벼워진 마음으로 돌아오게 될 것이다. 마음의 힐링을 찾기 위해 여행을 떠난다면 모뉴먼트 밸리, 세도나, 레드우드만한 곳은 그 어디에도 없으리라.

헨리 코웰 레드우드 주립공원 내의 숲속을 오르내리는
증기 협궤열차는 아이들이 좋아하는 최고의 코스다.

CAUTION

지구가 내뿜는 숨소리를 듣다

_ 옐로스톤 국립공원, 그랜드티턴 국립공원

넓은 벌 동쪽 끝으로

옛이야기 지줄대는 실개천이 휘돌아 나가고,

얼룩백이 황소가

해설피 금빛 게으른 울음을 우는 곳,

그곳이 참하 꿈엔들 잊힐리야.

        – 정지용의 시 '향수' 중에서

투어 멘티 : 미국에 오래 살다 보니 고향에 대한 아련한 갈증이 느껴지곤 합니다. 미국인들이 향수를 느끼는 그곳은 어디일까요?

투어 멘토 : 대자연이 안아주는 포근함을 느낄 수 있는 곳, 맑디

맑은 강이 푸른 초원
사이로 흐르고, 버펄
로 떼가 고목들 사이
로 뛰어노는 곳, 지
구가 살아 있다는 것
을 알려 주려는 듯
뜨거운 물줄기가 하
늘을 향해 솟아오르
는 곳이 있습니다.
그곳은 바로 1872년
에 세계 최초의 국립
공원으로 지정된 옐
로스톤Yellow Stone입
니다. 미국인들에게

옐로스톤 폭포(사진, 위)와 에메랄드 빛깔의 간헐천(사진, 아래)이 있는
옐로스톤은 미국인의 향수를 자극하는 국립공원이다.

는 영원한 자연을 상징하는 고향과도 같은 곳이죠.

투어 멘티 : 옐로스톤은 미국인들에게 고향의 향수를 느끼게 해
주는 국립공원이라고 하셨는데요, 최초의 국립공원으로 지정되었
다면 이곳에만 있다거나 이곳에서만 경험할 수 있는 특별한 뭔가가
있을 것 같습니다.

투어 멘토 : 그렇습니다. 한마디로 옐로스톤은 미국 국립공원의

올드 페이스풀에서 물줄기가 솟아오르는 간헐천은 옐로스톤에서 가장 많은 사람들이 몰리는 곳이다.
하루에 17~21회, 매번 3만여 리터의 엄청난 온천수를 50여 미터 높이로 뿜어낸다.

'종합선물세트'라고 할 수 있어요. 예전에는 명절 때 가장 인기 있었던 선물이 종합선물세트였어요. 평소에 누구나 좋아하는 과자와 사탕도 있었고, 어머니들이 좋아하는 햄 통조림과 식용유가 든 종합선물세트가 잘 팔렸지요. 이처럼 여러 국립공원의 장점만을 한곳에서 맛볼 수 있도록 해놓은 곳이 바로 옐로스톤입니다. 그래서 모처럼 미국에 왔는데 시간이 부족한 사람, 가장 기억에 남는 한두 곳 정도만 둘러보고 싶다는 사람들에게 반드시 추천하는 곳이 바로 그랜드 캐년과 옐로스톤입니다.

세계 최초의 국립공원인 옐로스톤 국립공원은 규모면에서도 미국 최대이다. 국립공원으로 지정되고 나서 100년이 지난 뒤인 1978년에는 유네스코 자연유산으로 지정될 만큼 독특한 보존 가치를 지녔다. 그랜드 캐년 국립공원의 세 배가 넘는 약

220만 에이커(1에이커는 약 1,200평) 규모로서 북미 지역 최대의 산중 호수를 품고 있고, 나이아가라 폭포 높이의 두 배가 넘는 폭포, 전 세계 간헐천의 70%, 1만여 개가 넘는 온천을 지니고 있다. 3천 미터 이상의 산봉우리는 45개나 있다.

투어 멘티 : 미국이 자랑하는 국립공원 제도는 옐로스톤부터 시작되었다고 하는데요, 국립공원을 지정하게 된 배경은 뭔가요?

투어 멘토 : 미국 서부에서 금이 발견되자 '골드러시Gold Rush' 붐이 일어났고, 사람들이 몰려들면서 자연이 훼손되고 동물들이 멸종 위기에 처하게 되었지요. 그중에서도 가장 심각한 곳이 옐로스톤이었습니다. 연방정부에서 뒤늦게나마 '자연을 공유화함으로써 부작용을 해소하고, 모두가 향유할 수 있게 하자!'는 슬로건을 내걸고 실행에 옮긴 것이 '국립공원 제도'였는데, 옐로스톤이 처음으로 지정된 것입니다. 국립공원 법안이 통과될 당시 그랜트 대통령은 "국립공원은 모든 국민의 복리와 즐거움을 위한 공공의 자원이다."라는 말을 남겼지요. 지금은 미국과 한국을 포함해서 전 세계 150여 나라에서 국립공원 제도가 운영되고 있습니다.

투어 멘티 : 100년의 세월이 지나도 식지 않는 옐로스톤의 인기는 참으로 대단한 것 같습니다. 그런 인기의 비결은 뭐라고 생각하시는지요?

투어 멘토 : 옐로스톤이 미국 최고의 국립공원 중 하나로 손꼽히

광물성 온천수가 지표에 닿아 생긴 수많은 작은 버섯 모양의 갈색 돌기들이 신비한 느낌을 준다.

는 이유는 지구의 숨소리를 들을 수 있기 때문입니다. 비유적인 표현이긴 하지만, 간헐천을 통해 내뱉고 들이마시는 지구를 느낄 수 있어요. 게다가 특이한 자연 경관과 함께 그 속에서 마음껏 뛰노는 야생동물을 직접 볼 수 있지요. 옐로스톤은 동물의 천국이자 야생화의 천국으로 불리기도 합니다. 늑대Wild wolf, 들소Bison, 사슴Elk, 로키양Bighorn Sheep, 회색곰Grizzly Bear, 물수리Osprey, 흰 펠리컨White Pelican 등 수많은 야생동물이 유유자적 자연과 어우러져 살고 있지요. 옐로스톤은 수십만 년 전의 화산 폭발로 인해 형성된 화산 고원지대로, 마그마가 지표에서 불과 약 5킬로미터 깊이에 있어서 그 어느 곳과도 비교될 수 없는 다채로운 자연경관이 생성되어 있습니다. 초원과 늪지, 강과 호수, 산과 숲, 황야와 협곡, 간헐천, 온천, 폭포, 기암괴석 등을 모두 만날 수 있습니다. 특히 폭발하듯 분출하는 간헐천과 우레 같은 소리를 내는 폭포는 자연의 위대함을 온몸으로 느끼게 해주고, 겸손의 의미를 깨닫게 해줍니다.

'옐로스톤'이라는 명칭은 어디서 유래된 것일까? 오랜 세월 지하에서 분출된 광물성 온천수가 바위 위로 흘러내리면서 바위의 표면을 노랗게 변색시켜 붙여진 이름이다. 와이오밍Wyoming 주 북서쪽에서 몬태나Montana 주 남서부, 아이다호Idaho 주 남동부까지 3개 주에 걸쳐 있는 옐로스톤은 전체 면적의 96%가 와이오밍 주에 속해 있다. 입구는 5개로, 서쪽 아이다 호수의 웨스트 옐로스톤으로 들어가는 서문, 남쪽 그랜드티턴Grand Teton 국립공원과 연결되는 남문, 동쪽 압사로카 황야로 빠지는 동문, 루스벨트 아치로 불리는 북쪽 몬태나 주의 북문과 실버게이트로 불리는 북동문이 있다. 대부분은 서문으로 들어와서 옐로스톤을 일주한 뒤 남문으로 빠져나간다. 그 이유는 남문 아래에 위치한 그랜드티턴 국립공원의 경관이 옐로스톤 못지않은 아름다움을 보여주기 때문이다.

투어 멘티 : 규모가 대단하군요. 옐로스톤을 제대로 보려면 어떻게 해야 할까요? 미국 관광업계 최초로 '8자 코스'라는 명칭을 사용했고, '5-8-9 관람법'을 창안하신 것으로 알고 있습니다.

지하에서 분출된 광물성 온천수가 바위를 타고 흘러내리면서 기묘한 색깔의 풍경을 연출한다.
지표면으로 나온 뜨거운 열기가 차가운 공기를 만나면 엷은 안개가 끼기도 한다.

'야생동물의 천국' 옐로스톤에는 도로에서도 곰, 엘크, 버펄로 등을 관찰할 수 있다.

　　투어 멘토 : 옐로스톤에 볼 것이 너무 많은데 일정은 부족하고, 그래서 빠지지 않고 완벽하게 돌아보는 방법을 구상하다가 '5-8-9' 방식을 개발하게 됐어요. 옐로스톤의 주요 볼거리는 5개 지역에 걸쳐 산재해 있고, 도로가 '8자 모양'으로 되어 있어요. 그래서 이렇게 봐야 겹치지 않고 전체를 돌아볼 수 있습니다. 5개 지역은 북서쪽의 매머드 지역Mammoth Country, 남서쪽의 간헐천 지역Geyser Country, 동북쪽의 루스벨트 지역Roosevelt Country, 남쪽의 캐년 지역

Canyon Country, 마지막으로 동남쪽의 호수 지역Lake Country입니다. 각 지역별로 최소한 하루를 잡는다고 해도 중요한 부분을 대강 돌아보려면 5~7일 정도는 투자해야 합니다. 8자 코스를 따라 돌면서 9개의 관람 포인트를 보게 되면, 짧은 일정으로도 대자연의 파노라마를 거의 훑을 수 있게 되는 것이지요.

● **웨스트 옐로스톤**West Yellowstone _ 들어서자마자 첫눈에 보이는 것이 땅에서 솟아 나오는 하얀 수증기와 1988년에 발생했던 대화재의 흔적이다. 전체 산림의 절반이 화마에 휩쓸린 흔적은 자연의 끈질긴 생명력을 과시하며 되살아나고 있다. 메디슨 정션Medison Junction 부근의 파이어홀 캐넌 드라이브 도로를 이용하면 파이어홀 폭포와 그림 같은 주변 풍광을 감상할 수 있다.

● **올드 페이스풀**Old Faithful _ 옐로스톤 국립공원에서 만나게 되는 수많은 간헐천들 중 압권은 단연코 올드 페이스풀이다. 간헐천이란 뜨거운 물이 모여서 주변의 토양과 어울려 형형색색의 분화구 형태를 이룬 곳으로, 땅 밑에서 마그마Magma로 인해 만들어진 증기가 분출된 후 다시 주변 토양의 약화로 가라앉기를 반복하는 특이한 형태의 토양 구조물이다. 올드 페이스풀은 하루 17~21회, 65~90분 간격으로 매번 3만여 리터의 엄청난 온천수를 50여 미터 높이로 4분 정도 뿜어낸다. 공원 내에 있는 1만여 개의 간헐천 중 이처럼 분출 간격이 규칙적인 것은 없다.

● **미드웨이 간헐천 분지**Midway Geyser Basin _ 익셀시어Excelsior 간

헐천과 옐로스톤에서 가장 큰 온천인 그랜드 프리즈매틱Grand Prismatic Spring이 있으므로 빼놓지 말고 들러야 한다. 1분에 약 1만5천 리터 이상의 온천물을 차가운 파이어홀 강으로 폭포처럼 쏟아내며 수증기를 만들어낸다.

● **노리스 간헐천 분지**Norris Geyser Basin _ 세계에서 가장 오래되었으며, 현재까지도 가장 왕성하게 활동하는 간헐천이 모여 있다. 불과 270여 미터 아래에 용암이 있어서 간헐천의 수온이 높고, 변화가 많은 지역으로 유명하다. 간헐천에서 나온 물이 연못처럼 고여서 만들어진 것을 '베이슨Basin'이라고 한다. 주변의 토양에 따라 총천연색으로 나타나기 때문에 무척 아름답다.

● **맘모스 핫 스프링**Mammoth Hot Spring _ 옐로스톤에서 가장 환상적이고 깊은 인상을 심어줄 수 있는 곳이라면 단연 맘모스 핫 스프링이다. 이곳은 땅 밑에서 분출되는 뜨거운 석회질 온천수가 계단을 이루며 흘러내리는 매우 특이한 형태이다. 뜨거운 석회질의 온천수가 내뿜는 수증기는 그대로 응고되어 하얀 소금덩어리처럼 보인다. 맘모스 핫 스프링은 해발 1천9백 미터 지역에 있다. 산을 빙글빙글 돌아 올라가며 설치된 나뭇길은 2시간 정도면 둘러볼 수 있다.

● **옐로스톤의 그랜드 캐년**Grand Canyon Of The Yellowstone _ 옐로스톤 강이 만들어낸 대협곡으로, 옐로스톤의 진수를 한눈에 보기 위해서는 이곳을 꼭 들러야 한다. 이 협곡의 조망 포인트는 어퍼 폭포Upper Falls와 로어 폭포Lower Falls가 이루는 2단 폭포를 한눈에 볼 수 있느냐

여름철 옐로스톤 국립공원 내에 설치된 캠핑장은 6개월 전에도 예약이 어려울 정도로 인기가 높다.

옐로스톤 국립공원 내의 호수에는 영혼에 안식이 깃들 만큼 고즈넉한 아름다움이 담겨 있다.

이다. 하이라이트는 나이아가라 폭포에 비해 두 배나 높은 로어 폭포 구간이다. 캐년 빌리지 남쪽 노스림North Rim의 룩아웃 포인트Lookout Point에서 90여 미터 높이의 웅장하고 거대한 로어 폭포와 그보다 규모가 작은 어퍼 폭포를 한눈에 조망해 볼 수 있다. 또한 사우스림South Rim의 아티스트 포인트Artists Point에서도 이 폭포들을 조망할 수 있는데, 같은 경관이지만 다른 느낌의 감흥을 느낄 수 있으니 두 곳의 관람 포인트를 모두 가볼 것을 추천한다. 이곳의 풍광은 그랜드 캐년과 요세미티를 합성해 놓은 형상이라고 생각하면 된다.

● **머드 볼케이노**Mud Volcano _ 머드 볼케이노는 공원 내에 산재한 맑은 물의 온천과 달리 탁한 진흙 웅덩이들이 모여 있는 곳이다. 1800년대 후반에는 몇 시간마다 70여 미터 높이로 진흙물을 내뿜었던 머드 간헐천은 1927년에 마지막으로 분출한 후 지금까지 침묵을 지키고 있다. 하지만 이곳에서는 분출구를 통해 올라오는 가스로 인해 진흙물이 부글부글 넘실대는 진귀한 모습을 볼 수 있다. 유황가스를 에너지원으로 삼는 미생물과 세균들에 의해 만들어진 황산은 바위와 흙을 녹여 진흙으로 만들고, 온천은 진흙이 섞여 회색빛이 된다. 바로 이런 모습 때문에 어떤 사람들은 마치 지옥의 모습을 연상케 한다고 말한다.

● **웨스트 썸**West Thumb _ 그랜트 빌리지 방문자 센터 위쪽에 위치한 웨스트 썸은 산중 호수 중 북미 지역 최대 규모인 옐로스톤 호수와 접해 있으며, 연안을 따라 뜨겁게 끓어오르는 간헐천들이 모여 있는 지역이다. 이곳의 간헐천은 물이 흘러나오는 구멍들이 보일 정도로 맑고, 토양과의 화학 작용에 따라 형형색색의 아름다운 색깔을 보여준다.

투어 멘티 : 간헐천Geyser과 진흙 구덩이Mud pot의 차이는 뭔가요?

투어 멘토 : 옐로스톤 여행을 마치고 빠져나올 때, 이런 질문을 종종 받습니다. 지하에서 지표면 위로 분출하는 작용 원리는 같습니다. 다만 압력의 차이로 구분할 수 있어요. 거기에다 나만의 해석을 곁들인다면, 열정을 가지고 분출하면 남들이 찾아오는 멋진 간헐천이 되지만, 무기력하게 살면 아무도 쳐다보지 않는 진흙 구덩이가 된다는 것입니다. 과연 내가 인생을 활기차게 살아가는지, 아니면 뜨뜻미지근하게 그저 그런 삶을 살아가고 있는지를 간헐천을 보면서 자신의 열정이 식은 것은 아닌지 되돌아보라고 말한답니다.

투어 멘티 : 옐로스톤을 둘러보면 서부 지역에서는 보기 힘든 산봉우리들을 볼 수 있는데요, 산 정상이 눈으로 덮여 있어서 무척 인상적이었습니다.

투어 멘토 : 그렇습니다. '미국의 스위스'로도 불리는 그랜드티턴 국립공원Grand Teton National Park이 옐로스톤 바로 아래에 있어요. 그랜드티턴처럼 연민을 느끼게 만드는 국립공원도 없답니다. 그 자체

투어 멘토의 여행 정보

- 옐로스톤 _ 주소 : Yellowstone National Park, Wyoming 82190 / 전화 : (307)344-7381 / 홈페이지: www.nps.gov/yell

로도 훌륭한 자연경관을 가지고 있지만, 너무나도 멋진 옐로스톤 옆에 있다 보니 주목을 제대로 받지 못하고 있는 거죠. 이 지역은 미국의 대부호 록펠러가 제대로 관리를 받지 못하고 있음을 안타깝게 여겨 그 일대의 땅을 전부 구입해 기증하면서 국립공원으로 지정됐다는 일화가 있어요. 대부분의 여행자들이 기대하지 않고 지나다가 한눈에 반하는 곳입니다. 언젠가는 다시 찾아오겠다는 결심을 하고 떠날 만큼 강렬한 인상을 받는 곳이죠. 옐로스톤과 달리 만년설이 덮인 산봉우리의 장엄함과 바닥이 보일 정도로 투명한 호수의 고즈넉함, 야생화가 만발한 드넓은 초원의 화려함을 동시에 지니고 있습니다. 곳곳에서 목격되는 다양한 야생동물이 어우러져 환상적인 풍광을 연출하기 때문에, 엽서와 달력에 이곳 사진들이 많이 쓰이고 있습니다. 또한 등산로가 무려 320여 킬로미터에 이르며, 그 어느 명산과 비교해도 뒤지지 않을 정도로 뛰어난 자연경관을 가지고 있습니다.

투어 멘티 : 정상 부근에 깎아지른 듯한 바위가 많은데, 위험하지 않을까요?

투어 멘토 : 하지만 그런 위험성이 매년 전 세계에서 수많은 등산객들을 불러 모으는 역할을 하고 있지요. 특히 티턴 산맥은 남북으로 길게 뻗어 있어서 일출과 일몰 때면 만년설이 덮인 산봉우리가 햇살을 받아 환상적인 빛의 향연이 펼쳐집니다. 공원 내에 있는 8개의 호수 중 가장 큰 잭슨 호수 동쪽에 위치한 시그널 마운틴에 오르

버펄로들이 한가로이 풀을 뜯고 있는 평원 뒤쪽으로 바위를 깎아놓은 듯한 그랜드티턴 산이
위용을 자랑하고 있다.

면 티턴 산맥의 거봉들과 아름다운 호수를 한눈에 볼 수 있고, 티턴
빌리지에서 트램을 타면 3천 미터 고봉 전망대에서 커피를 즐기는
환상적인 경험을 할 수 있습니다.

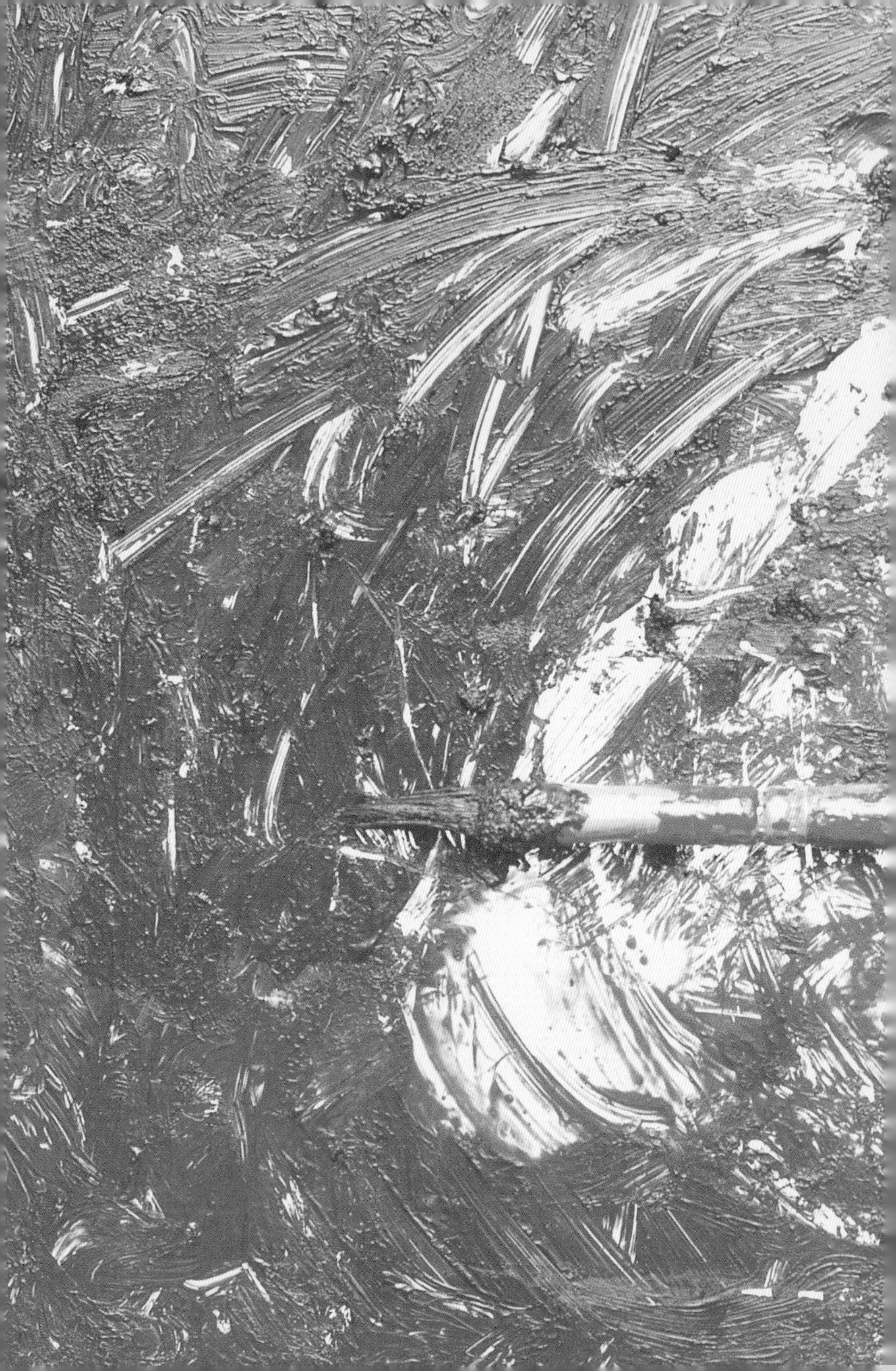

셋

여행은 배움이라

세상은 넓고 배울 것은 많다

여행은 학교생활 이후 사회생활에 뛰어들면서부터 중단된 배움을 지속시켜 줍니다. 새로운 사물과 역사를 보고 듣고 배우면서 자연스럽게 지식을 얻게 됩니다. 또한 여행지에서 다양한 사람들을 만나 인생 이야기를 나누다 보면 새로운 관점으로 세상을 바라보게 됩니다. '우물 안 개구리'처럼 자기 방식만 옳다고 하는 고집도 내려놓게 됩니다. 그래서 여행은 배움을 시작하는 기초가 됩니다.

SILHOUETTE STUDIO
CRYSTAL ARTS

상상력을 자극하는 최고의 명소

_ 피터슨 자동차 박물관, LA 오토쇼, 게티 빌라, 게티 센터,
헌팅턴 라이브러리, LACMA, 할리우드, 월트 디즈니 홀

투어 멘티 : 글로벌 교육 트렌드가 창의력을 중시하는 쪽으로 흐르고 있습니다. 초등학생도 자유롭게 이용할 수 있는 인터넷이 보급되면서 단순 암기와 백과사전식 지식보다는 가치를 창출할 수 있는 창의적인 교육이 주목을 받고 있습니다. 미국에서 창의력과 상상력을 배울 수 있는 여행지로는 어떤 곳이 있을까요?

투어 멘토 : 교육 전문가의 말에 따르면 창의력은 공상 자체에서 온다기보다는 자연 또는 사물의 관찰, 그리고 이것의 재해석에서 온다고 합니다. 미국에서 창의성을 기를 수 있는 곳은 한두 곳이 아닙니다. 자연과 도시에서 제대로 된 관찰을 배울 수 있는 곳이 무척 많아요. 데스밸리 같은 사막 지대를 지난다거나 안개가 자욱한 아

침 옐로스톤의 삼림을 지나면서, 그리고 맨해튼과 같은 바쁜 도심 속에서도 많은 것을 느끼고 배울 수 있어요. 시각을 통해 받아들인 모든 것이 창의성의 재료가 될 수 있다는 거죠. 즉 백 번 묻는 것보다 한 번 보는 것이 더 많은 가르침을 줄 수 있다는 것입니다.

투어 멘티 : 시각적인 교육 효과를 말씀하시는 것 같습니다. 그렇다면 자녀를 동반하는 부모들에게 도움이 될 수 있도록, 좀 더 구체적으로 소개해 주시죠.

투어 멘토 : 자녀가 원하는 것을 알아야 합니다. 부모의 기준에서 필요한 곳이 아니라 자녀가 배우고 싶어 하는 곳을 먼저 알려 주어야 합니다. 예를 들어, 아이가 자동차를 좋아한다면 LA에 있는 피터슨 자동차 박물관Petersen Auto motive Museum을 방문해 보세요. 자동차 마니아라면 눈이 번쩍 뜨일 만한 곳입니다. 진귀한 클래식 카, 모터사이클 등 150여 종이 넘는 자동차를 전시하고 있으며, 매 시즌마다 전시 모델이 바뀌거든요. 2층 전시관에는 드라마나 영화에 나왔던 자동차, 할리우드 스타들이 소장했던 자동차가 전시되

LA에 있는 피터슨 자동차 박물관은 '자동차의 나라' 미국에서 생산된 클래식 자동차에서부터
최신 콘셉트 차량까지 다양한 모델이 전시되어 있어 아이들에게 무한한 상상력을 심어준다.

어 있고, 자동차 내부 구조에 대해서도 자세히 배울 수가 있어요.

투어 멘티 : 자동차와 관련해서 LA 오토쇼도 꽤 유명한 것으로 알고 있습니다.

투어 멘토 : 여행은 얼마만큼 준비해서 오느냐에 따라 얻어 가는 정도가 다릅니다. 아까 자동차를 좋아하는 자녀 이야기를 계속해 보죠. 만약 11월 말이나 12월 초에 LA 오토쇼 기간에 미국을 방문한다면, 이보다 더 좋은 여행은 없어요. 로스앤젤레스 컨벤션 센터에 전시된 세계 각국의 자동차 메이커에서 만든 신차와 콘셉트카를 보면서 몇 년 뒤 미래의 직업을 꿈꿔 볼 수도 있습니다. 지난해에는 일반 관람객이 100만 명을 넘었다고 합니다. 뿐만 아니라 세계적인 명차인 페라리, 스파이커, 벤틀리, 포르쉐를 비롯해 아우디, BMW, 벤츠, 포드, 폭스바겐 등이 북미 시장에 처음으로 모습을 드러낼 신차들도 공개하는 만큼 자동차 마니아들에게는 만족스런 여행이 될 수 있을 겁니다. 이와 겸해서 서부 여행을 다녀온다면 최고의 여행이 되지 않을까요?

투어 멘토의 여행 정보

- 피터슨 자동차 박물관 _ 주소 : 6060 Wilshire Blvd. Los Angeles, CA 900361 / 홈페이지 : www.petersen.org
- LA 오토쇼 _ 홈페이지 : www.laautoshow.com

피터슨 박물관에는 드라마나 영화 속에서 할리우드 스타들이 탔던 오토바이와 자동차들도 전시되어 있다.

투어 멘티 : 건축문화와 예술에 관심이 있는 자녀라면 어디가 좋을까요?

투어 멘토 : 그런 경우에는 게티 센터와 게티 빌라를 추천합니다. 게티 빌라는 석유 재벌 폴 게티Paul Getty가 1974년 말리부 해안에 건축한 로마의 옛 저택으로, 현재는 고미술품을 전시하는 박물관으로 활용되고 있어요. 로마의 옛 저택 '빌라 데이 파피리'를 그대로 재현한 게티 빌라는 게티 센터에 비해 규모는 작지만 그리스와 로마, 에트루리아의 고미술품을 한데 모은 중세 문화유산의 보고로 평가받고 있지요. 미술품에 관심이 없더라도 꼭 한 번 들러볼 필요가 있습니다. 빌라의 남쪽 문 밖에 펼쳐진 정원은 잘 손질된 조경수와 다양한 초화로 장식되어 있으며, 아름다운 인공 연못과 회랑에서 산책을 즐길 수도 있어요. 입장료는 무료지만 홈페이지나 전화로 사전 예약을 해야 입장할 수 있다는 것을 잊지 마세요. 홈페이지에서 예약한 경우에는 온라인 티켓을 출력해 가야 합니다.

투어 멘토의 여행 정보

- 게티 센터(The Getty Center) _ 주소 : 1200 Getty Center Drive, Los Angeles, CA 90049
- 게티 빌라(The Getty Villa) _ 주소 : 17985 Pacific Coast Highway, Pacific Palisades, CA90272 / 전화 : (310) 440-7300 / 홈페이지 : www.getty.edu

투어 멘티 : 게티의 이름을 딴 또 하나의 박물관 게티 센터Getty Center도 있죠?

투어 멘토 : 게티 센터는 LA 시민들이 가장 사랑하는 박물관 중의 하나입니다. 1976년에 게티가 사망한 후 받은 6억6천만 달러로 브렌트우드Brentwood 근처에 설립한 박물관이지요. 게티 센터는 중세에서 현재까지 서구 미술품을 위주로 전시합니다. 1600년 이전의 미술품은 노스 파빌리온, 1600~1800년대의 미술품은 이스트 파빌리온과 사우스 파빌리온, 1800년대 이후의 미술품은 웨스트 파빌리온에 각각 나뉘어 전시되고 있습니다.

투어 멘티 : 세계적인 비디오작가로 이름을 떨친 백남준 선생의 작품이 전시되어 있는 미술관도 있다고 들었습니다.

투어 멘토 : 자녀에게 앤디 워홀의 파격성과 백남준의 천재성을 맛보게 해주는 것도 좋다고 생각해요. LA 카운티 미술관에 가면 그들의 작품을 만날 수 있답니다. 이곳은 1만8천 평방미터의 넓은 부지 위에 6동의 건물로 구성된 미국 서해안 최대 규모를 자랑하는 미술관입니다. 미술품은 25만여 점에 이릅니다. 현대 미술품만을 전시, 소장하는 '브로드 현대 미술관BCAM'은 렌조 피아노의 설계로 지어진 3층 건물에 재스퍼 존스, 앤디 워홀, 로이 리히텐슈타인 등 세계를 대표하는 화가들의 현대 미술품이 전시되어 있습니다. 한국인 작가 백남준이 만든 비디오 작품이 전시되어 있고, 조선시대 회화 등을 별도로 전시한 한국관도 있어서 한국인으로서의 자부심을 심

로마의 옛 저택 '빌라 데이 파리리'를 그대로 재현한 게티 빌라에는 그리스, 로마 시대의
고미술품이 다수 전시되어 있다.

어줄 수 있는 곳이기도 합니다. 관람 방법은 앤더슨 빌딩 3층에서
시작해 2층으로 내려오면서 피카소의 「세바스찬 주너비달의 초상」
과 마티스의 「티」, 르네의 「이미지의 배반」 등 유럽 회화를 감상한
후 1층으로 내려가 19~20세기의 미국 회화를 보고, 기획 전시관과
한국관, 일본관 순서로 둘러보면 좋습니다.

투어 멘토의 여행 정보

- LA 카운티 미술관 _ 주소 : 5905 Wilshire Blvd Los Angeles, CA 90036
  / 전화 : (323)857-6000 / 홈페이지 : www.lacma.org

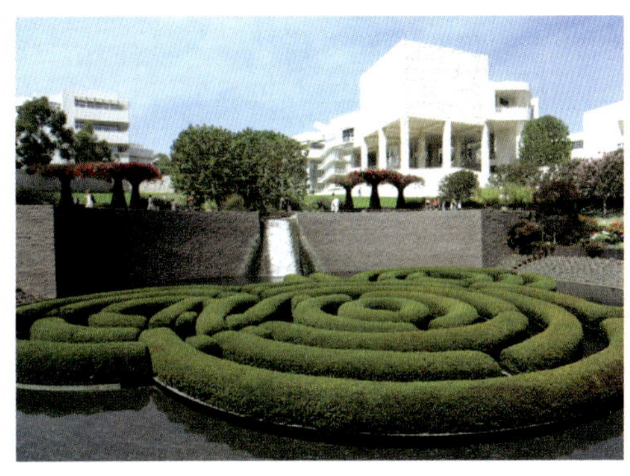
LA 시민들이 가장 사랑하는 박물관 중 하나인 '게티 뮤지엄'의 야외 정원은 아름다운 조경으로 유명하다.

투어 멘토 : 미국에서 영화와 드라마 제작은 장치 산업이라고 합니다. 배우의 연기력에만 의존하는 것이 아니라 시스템으로 승부해야 하기 때문이죠. 그래서 스튜디오 투어를 해보면 영화와 드라마 분야를 이해하는 데 큰 도움이 됩니다. LA에서 가장 인기가 높은 스

 **투어 멘토의 여행 정보**

- 워너 브라더스 스튜디오 _ 주소 : 400 Warner Blvd. Burbank CA 91505 / 전화 : (818)972-8687 / 홈페이지 : www.studio-tour.com
- NBC 텔레비전 스튜디오 _ 주소 : 3000 W. Alameda Ave. Burbank CA 91523 / 전화 : (818)840-3537 / 홈페이지 : www.seeing-stars.com/studiotours/nbctour.shtml
- 소니 픽처스 스튜디오 _ 주소 : 10202 W. Washington Blvd. Culver City CA 90232 / 전화 : (323)520-8687 / 홈페이지 : www.sonypicturesstudios.com

로스앤젤레스의 명물 '월트 디즈니 콘서트홀'은 유명 건축가 프랭크 게리의 작품으로, 건축학적인 상상력을 불러일으킨다.

튜디오 투어는 워너 브라더스 투어입니다. 음향 시설과 촬영 세트를 돌아보면 영화의 역사를 한눈에 알 수 있어요. 영화 「맨 인 블랙」 등의 촬영 장소였던 스튜디오를 찬찬히 구경하다 보면, 실제로 촬영 중인 유명 스타를 만날 수 있는 행운이 찾아오기도 합니다. 버뱅크 시에 있는 NBC 스튜디오를 가보면 미국 전역에 방송되는 인기 코미디언 제이 레노가 등장하는 'NBC 투나잇쇼'의 세트와 의상실 등을 견학할 수 있어요. SFX 체험 코너에서는 슈퍼맨이 되어 하늘을 나는 경험도 할 수 있습니다.

투어 멘티 : 자녀가 건축에 관심이 많다면, 어디를 가봐야 할까요?

투어 멘토 : 그럴 때는 로스앤젤레스의 명물 월트 디즈니 콘서트홀Walt Disney Concert Hall을 찾아보세요. '파리에 에펠탑이 있다면, LA에는 디즈니 홀이 있다'고 말할 정도로 기발한 창의력의 산물을 둘러볼 수 있습니다. 캐나다 출신의 유명 건축가인 프랭크 게리Frnk O. Gehry가 2003년 10월 LA 다운타운에 세계적인 음악 시설인 월트 디즈니 콘서트홀을 완성

했어요. 미국의 대형 미디어 그룹인 월트 디즈니의 창립자 월트 디즈니의 공적을 기려 만들었지요. 공사비만 3천억 원 이상이 소요됐으며, 스테인리스를 사용한 번쩍거리는 외관이 눈길을 사로잡습니다. 메인 홀은 2,265석 규모이며, 음향 시설은 일본의 대표적인 음향 설계사 도요타가 맡아 진행했고, 지금은 LA 필하모니 오케스트라의 새로운 홈그라운드가 되었습니다. 베네수엘라 출신의 유명 지휘자 두다멜이 지휘하는 LA 필하모니 오케스트라 연주를 들어보는 것도 큰 감동을 선사할 것입니다.

투어 멘티 : 건축가 프랭크 게리가 디즈니 홀의 건축 콘셉트를 어떻게 잡았는지 의견이 분분하다고 하는데, 어떻습니까?

투어 멘토 : 게리 자신은 '디즈니 홀 콘셉트는 바람을 안고 팽팽해진 돛의 아름다움을 표현한 것'이라고 공식적으로 밝혔어요. 하지만 사석에서는 제도용 종이를 구겨 휴지통에 버렸는데, 다음 날 구겨진 종이가 펴진 모습을 스케치해서 만들었다는 말이 회자되고 있어요. 그래서 건축 평론가들이 이 건축물에 대해 서로 재미있는 해석을 내놓고 있는 것 같습니다.

투어 멘토의 여행 정보

● 월트 디즈니 콘서트홀 _ 주소 : 111 S. Grand Ave Los Angeles, CA 90012 / 전화 : (323)850-2000 / 홈페이지 : www.laphil.com

철도 사업으로 거부가 된 헨리 헌팅턴이 만든 라이브러리 정문. 지금은 시에 기부되어 박물관으로 활용되고 있다.

투어 멘티 : 그 외에 더 추천할 만한 곳은 없습니까?

투어 멘토 : 자녀에게 부자가 되어야 할 이유를 설명해 주려면 헌팅턴 라이브러리Huntington Library를 가보는 것도 좋습니다. 이곳은 패서디나의 남쪽 샌마리노 시San Marino City에 있는 도서관이자 미술관 겸 식물원입니다. 원래는 19세기에 철도 사업으로 거부가 된 헨리 헌팅턴의 저택이었으나 시에 기부하였고, 지금은 대형 문화 공간으로 개조하여 사용되고 있어요. 게티와 헌팅턴이 쉽게 구할 수 없는 고급 컬렉션을 대중에게 공개한 것을 보면, 미국의 기부 문화가 뿌리 깊게 박혀 있다는 것을 알 수 있어요. 도서관에는 구텐베르크 성경, 벤저민 프랭클린의 자필서와 초서Chaucer의 『캔터베리 이야기』 원본(1410년)을 비롯해 수많은 필사본과 희귀본들이 있어요. 또한 아름답기로 소문난 식물원에는 15개의 작은 정원들이 테마별

단순하면서도 정적인 조형미를 선사하는 헌팅턴 라이브러리 내 일본 정원 풍경.

로 조성되어 있어요. 세계 최대의 선인장 정원과 동백나무 정원, 장미 정원 등이 아름다운 자태를 뽐내고 있죠. 특히 일본식 정원과 중국식 정원은 동양의 아름다움을 느낄 수 있는 시민들의 휴식처가 되고 있습니다. 주말이면 자녀들의 손을 잡고 식물원을 거닐고 있는 미국 학부모를 보면 아이들의 감각을 자극하는 방법은 멀리 있지 않다는 것을 새삼 깨닫게 됩니다.

투어 멘토의 여행 정보

● 헌팅턴 라이브러리 _ 주소 : 1151 Oxford Rd., San Marino, CA / 전화 : (626)405-2100 / 홈페이지 : www.huntington.org

상상력을 자극하는 최고의 테마공원

_ 식스 플래그, 유니버설 스튜디오, 디즈니랜드, 할리우드,
너츠 베리 팜, 레고랜드, 시월드

투어 멘티 : 자녀들에게 상상력을 자극하는 데 너무 교훈적으로 다가가기보다는 재미있게 알려 줄 방법은 없을까요? 미국에 와서까지 잔소리를 하면 싫어할 테니까 말이죠.

투어 멘토 : 그렇다면 테마파크Theme Park보다 더 좋은 관광지는 없지요. 미국에는 유난히 테마에 맞춰 만들어 놓은 공원이 많아요. 디즈니랜드, 유니버설 스튜디오, 레고랜드, 식스 플래그, 넛츠 베리 팜, 시월드 등 미국에서도 가장 인기 있는 테마공원이 서부 지역, 그중에서도 남부 캘리포니아에 밀집되어 있습니다. 그냥 놀이기구와 볼거리가 많은 재미있는 공원 정도로 생각하는 분들이 많은데, 조금만 공부를 하고 가면 자녀들의 상상력과 영감을 자극하는 원천

이 될 수 있습니다.

투어 멘티 : 하지만 테마파크를 다녀오는 것 자체만으로는 아이들의 상상력을 충분히 자극할 수 없을 거라는 생각이 듭니다.

투어 멘토 : 아이들의 상상력을 자극하려면 비일상적인 경험이 필요해요. 그렇다면 어떻게 해야 비일상적인 경험을 할 수 있을까요? 미국의 테마공원은 아이들의 상상력을 자극하도록 구성되어 있다는 점이 특징입니다. 아이들이 테마파크를 들어서는 순간부터 출구를 나설 때까지 동떨어진 다른 세계에 있다는 착각을 불러일으키는 디자인, 다양한 놀이기구와 이벤트, 쇼, 캐릭터, 특별한 음식과 음료, 테마 곡 등 갖가지 표현 방법과 도구를 복합적으로 경험하게 됩니다. 그리고 이와 같은 비일상적인 경험이 아이들의 감각과 감성을 자극해서 상상력이 풍부해지는 것이지요.

투어 멘티 : 그렇다면 아이들의 상상력을 키워줄 수 있는 테마공원을 소개해 주시죠.

투어 멘토 : '아는 만큼 보인다.'는 말이 있죠? 여행을 할 때도 이 말을 가슴 깊이 새겼으면 좋겠습니다. 가장 먼저 소개하고 싶은 테마공원은 역시 디즈니랜드입니다. 애니메이션 영화로 디즈니 제국을 건설한 월트 디즈니가 숨을 거두는 순간까지 필생의 노력을 기울인 역작이지요. 그가 만든 캐릭터들은 지금도 디즈니랜드에서 아이들과 함께 뛰어놀고 있으며, 전 세계인의 마음에 살아 숨 쉬고 있습니다. 미키마우스, 도널드 덕, 돼지 삼형제 등 그가 창조한 캐릭

월트 디즈니가 창조한 캐릭터들을 구입할 수 있는
디즈니랜드 다운타운 기프트 숍.

WORLD of DISNEY

HOLLYWOOD
INFORMATION

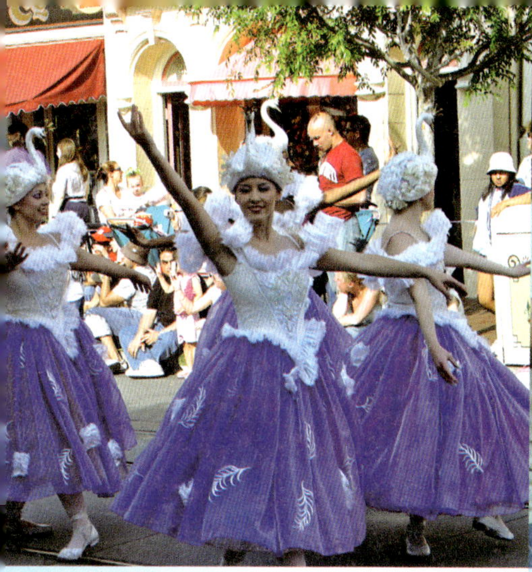

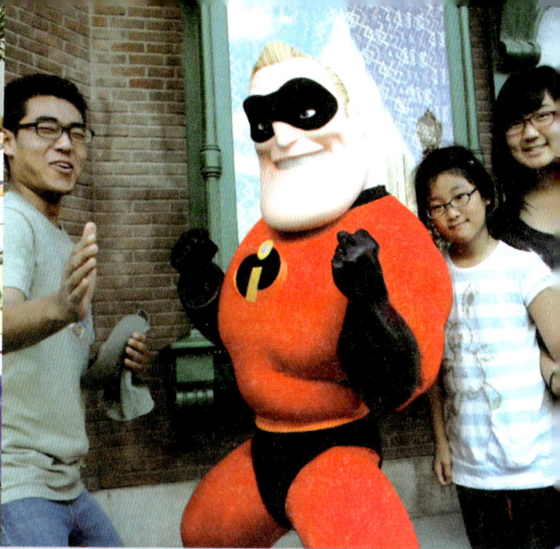

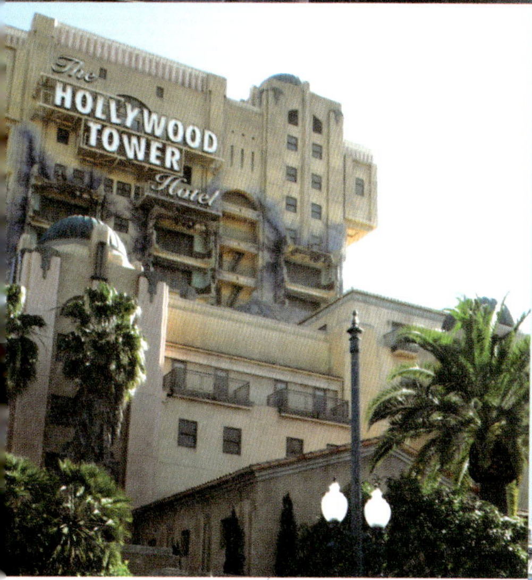
The
HOLLYWOOD
TOWER
Hotel

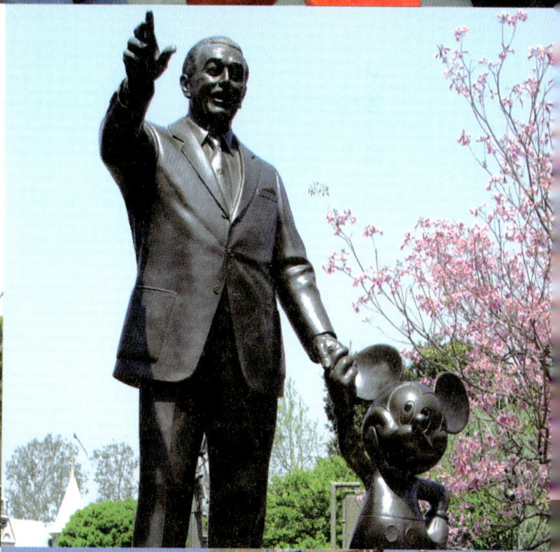

a
bug's
land

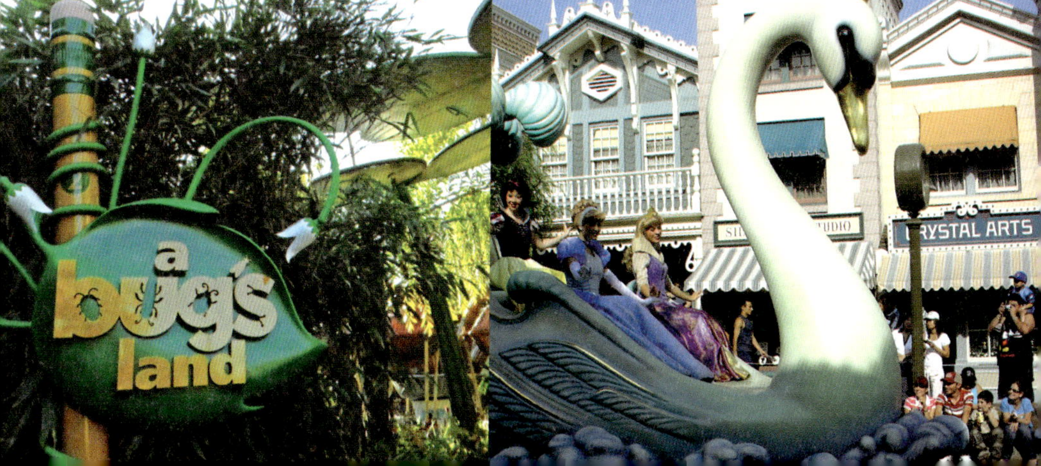

터들은 반세기가 지난 지금까지도 어린이들이 좋아하는 캐릭터가 되었습니다. 디즈니랜드에 가서 놀이기구를 타고 노는 것에만 집중 하기보다는 아이들이 디즈니랜드의 다양한 캐릭터들에 담긴 상상 력의 힘을 깨닫도록 해야 합니다. 디즈니랜드의 대표 캐릭터인 미 키마우스는 지독하게 가난했던 월트 디즈니가 쥐가 나오는 다락방 에서 그의 상상력에 의해 만들어냈다는 사실을 말이죠.

● **디즈니랜드** _ 1955년 개장한 이래 약 6천만 명 이상이 방문한 세 계적인 테마파크로, LA 남동쪽 애너하임Anaheim 시에 있다. 창립자 월 트 디즈니가 추구했던 '이 세상의 낙원'이라는 주제를 살리기 위해 2년 에 한 번씩 개수와 증축을 거듭해 항상 새로움을 추구한다. 현재는 8개 의 영역으로 나눠 각각의 콘셉트를 가지고 있다. 오늘날에는 호텔을 비 롯한 각종 위락 시설을 갖춘 리조트 형태로 발전했다. 규모가 워낙 크 므로 방문할 곳을 미리 정해 두는 것이 좋다.

* 주소 : 1313 Harbor Blvd. Anaheim, CA 92802
* 전화 : (714)781-4565
* 홈페이지 : http://disneyland.disney.go.com

투어 멘토 : 이번에는 시월드Sea World를 소개해 보겠습니다. 한때 대한민국에서 칭찬 열풍을 불러일으킨 『칭찬은 고래도 춤추게 한 다』는 책은 바로 이곳에서 힌트를 얻었습니다. 미국 기업의 임원인 웨스 킹슬리는 플로리다 출장 중에 시월드에서 범고래 쇼를 보고

식인 범고래가 펼치는 시월드 쇼에서 『칭찬은 고래도 춤추게 한다』는 책의 아이디어가 나왔다.

난 뒤 궁금증을 갖게 됩니다. 무게 3톤이 넘는 '식인 고래'가 어떻게 조련사와 일체가 되어 그토록 기막힌 공연을 할 수 있는지 말입니다. 호기심을 견디지 못한 웨스는 쇼가 끝나자 조련사 웨이브에게 묻지요. 그러자 웨이브는 '샴'이라 부르는 범고래에게 긍정적 관심을 갖고 칭찬과 격려를 해주었기 때문에 멋진 쇼를 보여줄 수 있었다고 말해 줍니다. 또한 실수를 했을 때는 꾸짖는 대신 다른 방향으로 관심을 돌려 격려하는 게 '진정한 관계'의 핵심이라는 교훈을 들려주지요. 테마공원에 가면 이런 이야기와 교훈을 건질 수 있답니다.

● **시월드** Sea World _ 지구상의 해양 동물을 모아놓은 수족관 외에도

모든 놀이기구가 레고 블록 형태로 만들어진 '레고랜드'는 유쾌한 상상력을 가져다준다.

즐길 거리가 다양하며, 일반 놀이공원에 비해서 교육적인 볼거리가 많아서 인기가 높다. 식인 상어와 거대한 고래의 묘기가 볼만하며, 바위 구멍에서 불쑥 튀어나오는 수백 마리의 뱀장어, 얼음판 위를 뒤뚱거리며 걸어가는 펭귄도 볼 수 있다. 중앙 출구 가까이에는 스카이 타워가 있어 미션 베이는 물론 샌디에이고 전역의 수려한 경관을 한눈에 조망할 수 있다. 시월드에서 가장 인기 있는 볼거리는 동물들이 펼치는 쇼이며, 그중에서도 '샤무 어드벤처The Shamu Adveture'와 돌고래 쇼, '클라이드와 시모어'이다.

* 주소 : 500 Seaworld. Dr., Sand Diego, CA 92109

* 전화 : (619)226-3901

* 홈페이지 : www.seaworld.com

 : 레고랜드는 장난감 레고를 좋아하는 아이들에게 천국 같은 곳입니다. 덴마크에서 만들어진 레고는 70여 년간 전 세계 어린이들의 사랑을 받아왔지요. 지금까지 4천억 개가 판매된 것으로 알려진 레고는 완제품 박스가 1초에 7개씩 팔린다는 통계가 있을 정도로 인기가 높습니다. 레고 사는 장난감으로 창조적인 놀이를 할 수 있게 하는 것, 그리고 이를 통해 무한한 가능성을 실현하는 것을 경영 목표로 세웠어요. 이러한 그들의 상상력을 현실로 만든 것이 바로 레고랜드라고 할 수 있죠. 상상 속의 자동차와 비행기, 잠수함 등이 미니 모형으로 구현되고 있는 모습을 보는 것만으로도 아이들의 상상력을 키우기에는 그만입니다.

● 레고랜드Legoland California _ 샌디에이고 북쪽에 위치한 칼스배드에 있는 레고 사의 테마파크. 미국의 7개 주요 지역(워싱턴, 뉴올리언스, 뉴욕, 플로리다, 샌프란시스코, 남부 캘리포니아 해안)을 20대 1의 비율로 축소해서 2억 개의 레고 벽돌로 만들어 놓은 미니 월드 USA를 비롯해 50개 이상의 놀이기구나 쇼 등 볼거리와 즐길 거리로 가득하다. 레고가 표현해낼 수 있는 최고의 예술품이라는 찬사를 받고 있으며, 미국의 업적을 기리는 뜻에서 제작되었다. 특히 과거와 현재의 유물들, 그리고 다른 나라에서 이주해 온 사람들의 다양한 전통을 보여주고 있다. 미국의 다양한 문화적 차이점을 보며 시각적인 즐거움과 교육적인 효과를 동시에 맛볼 수 있어 어린이를 동반한 가족 여행자들에게 인기가 높다.

* 주소 : 1 Legoland Dr. Carlsbad, CA 92008 / 전화 : (760)918-5346
* 홈페이지 : www.lego.com/legoland/california

투어 멘티 : 영화감독을 꿈꾸는 아이들에게 재미와 호기심을 동시에 줄 수 있는 곳은 어디일까요?

투어 멘토 : 영화의 메카인 할리우드이겠지요. 지금의 스튜디오는 버뱅크와 웨스트우드 등 주변으로 흩어졌지만, 할리우드가 상징하는 것은 더 이상 장소적인 개념이 아니라 미국 영화의 제작 시스템을 상징합니다. 그런 의미에서 세계 최대의 영화 스튜디오인 유니버설 스튜디오가 적격이겠지요. 영화를 모티브로 한 멋진 어트랙션(Attraction : 손님을 끌기 위하여 짧은 시간 동안에 상연하는 공연물)과 다양한 쇼를 즐길 수 있는 이곳은 영화를 좋아하는 아이들과 어른들에게도 흥미진진한 곳입니다.

• **유니버설 스튜디오**Universal Studio _ 영화의 본고장 할리우드의 최신 영화 기술과 특수 효과를 이용한 쇼를 보기 위해 매년 7천만 명이 이곳을 찾는다. 실제 촬영 장소로 사용되고 있는 오픈 세트를 이곳에서만 경험할 수 있어 영화와 같은 스릴과 현장감을 느낄 수 있다. 할리우드에 인접하고, 도심 근교에 위치하고 있을 뿐만 아니라 유명 스타와 연계해 각종 프로모션이 가능하다는 이점을 살려 1921년에 설립되었다. 매년 약 5백만 명이 찾는 세계 최대 규모의 최첨단 영상 미디어 테마파크이다. 현재 전 세계에 네 곳이 있지만, 실제 촬영 장소 안에 있는 것은 오직 할리우드뿐이다. 영화 속 세상의 진수를 맛보려면 트램을 타고 오픈세트를 돌아보는 스튜디오 투어를 추천한다. 「슈렉」4D, 「터미네이터 2」, 「쥐라기 공원」, 「미라」 3, 스턴트맨들의 아슬아슬한 묘기가 펼쳐지는 「워터 월드」 등이 인기몰이 중이다.

영화의 본고장 할리우드의
최신 영화 기술과 무대 세트를
구경할 수 있는 유니버설
스튜디오.
명사의 소장품이 전시된
하드록 카페(사진, 중간)와
스턴트맨의 아슬아슬한
묘기로 유명한 워터월드
(사진, 아래).

* 주소 : 100 Universal City Plaza, Universal City, CA 91608
* 전화 : (800)864-8377
* 홈페이지 : www.universalstudioshollywood.com

투어 멘티 : 한국의 중장년층은 어린 시절 서부영화에서 본 미국의 이미지가 강하게 남아 있습니다. 서부시대의 미국을 체험할 수 있는 곳은 없습니까?

투어 멘토 : 서부시대의 미국을 체험하려면 너츠베리 팜Knott's Berry Farm으로 가야 해요. 테마파크 중에서는 유일하게 내부 전체를 서부시대로 재현해 놓은 곳으로, 소박한 시설에 비해 캘리포니아 주민들이 가장 좋아하는 테마파크 중의 하나죠. 증기로 움직이는 기관차를 타고 서부시대 당시의 인테리어로 꾸며 놓은 상점에 앉아 버펄로 윙을 먹는 것도 색다른 운치가 있습니다.

● **너츠 베리 팜** _ 캘리포니아 남부의 애너하임 시에 조성된 미국 최초의 테마파크이다. 1920년대에 너츠 부부가 만든 딸기잼과 치킨 요리점이 인기를 끌자 기다리는 사람들을 위해 하나 둘씩 놀이시설을 세우면서 시작되었다. 서부 개척시대의 역사가 녹아 있는 가장 오랜 역사를 가진 테마파크로서, 옛 시절의 향수를 불러일으킨다. 캘리포니아와 애리조나에 남아 있던 건물을 옮겨와 서부시대의 옛 거리를 재현한 '고스트 타운'이 여행자들을 맞아준다. 인디언 트레일은 아메리칸 원주민의 문화를 보고 즐길 수 있는 구역이며, 피에스타 빌리지는 스페인의 축제

미국 최초의 테마파크인 '너츠베리 팜'을 찾은 관광객들이 스릴 만점의 놀이기구를 타며 즐거운 한때를 보내고 있다.

스릴 넘치는 놀이기구의 본가로 유명한 '식스 플래그스 매직마운틴'.

를 형상화한 구역으로 언제나 시끌벅적하다. 그 외에도 아이들이 좋아하는 스누피와 친구들을 만날 수 있는 캠프 스누피 등이 있다. 세계에서 가장 큰 목제 롤러코스터는 높이가 36미터, 전체 길이는 1,380미터이다. 2분 동안 13회나 급강하를 반복한다. 테마파크의 규모가 크지 않아 하루면 다 돌아볼 수 있다.

* 주소 : 8039 Beach Blvd., Buena Park, CA 90620
* 전화 : (714)220-5200
* 홈페이지 : www.knotts.com

투어 멘토 : 식스 플래그스 매직 마운틴Six Flags Magic Mountain은 전 세계 롤러코스터 설계 전문가들과 놀이기구를 타면서 스릴을 느끼고 싶어 하는 사람들이라면 빼놓지 않고 들리는 드림랜드지요. 세계 최대의 목조 롤러코스터가 있으며, 오직 놀이기구에만 초첨을 맞춘 테마파크라고 할 수 있어요. 하루 종일 놀이기구를 타는 사람들의 비명소리와 아우성을 동력으로 움직이는 곳입니다.

● **식스 플래그스 매직 마운틴** _ 로스앤젤레스 교외의 구릉지대에 위치한 스릴 넘치는 놀이기구의 '본가', 또는 '원조'라

불리는 곳이다. 50개 이상의 놀이시설에서 사람들의 비명소리가 끊이지 않는다. 엄청난 규모를 자랑하는 목조 제트 롤러코스터인 '콜로서스'를 포함해 극한의 공포와 스릴이 넘치는 최신형 롤러코스터가 해마다 추가되는 것으로 유명하다. 전 세계에 39개 지점이 있고, 미국에서만 연간 5천만 명 이상의 관광객이 찾는다. 고속으로 떨어지는 제트 코스터와 세계 최초의 360도 회전 롤러코스터인 레볼루션, 물에 흠뻑 젖는 워터 라이드 등은 관광객들에게 인기가 높다.

* 주소 : 26101 Magic Mountain Pkwy., Valencia, CA 91355
* 전화 : (661)255-4100
* 홈페이지 : www.sixflags.com/parks/magicmountain

투어 멘티 : 자녀를 동반하는 한국의 부모들에게 조언을 해주신다면, 미국 여행에 큰 도움이 될 것 같습니다.

투어 멘토 : 미국 아이들의 학업 성취도는 한국 아이들보다 훨씬 떨어집니다. 그런데도 미국에서 교육을 받은 인재들이 전 세계를 움직이는 이유는 뭘까요? 미국 아이들의 성장 환경과 행동을 보면 그 의문이 풀립니다. 미국 아이들은 어렸을 때부터 자연으로, 테마공원으로 현장 학습을 부지런히 갑니다. 주말이면 부모와 함께 미술관이나 박물관을 자주 방문합니다. 또한 레저 장비를 챙겨서 캠핑도 자주 갑니다. 게다가 스포츠 한두 종목은 기본으로 배웁니다. 이처럼 다양한 활동을 통해서 추억을 많이 입력한 아이들은 정서적 지능도 높아집니다. 사실 미국의 테마공원을 가면 지극히 미국적인

사고를 엿볼 수 있어요. 하지만 다양한 테마를 직접 체험하면서 얻는 경험은 아이들의 상상력을 키워 주기 때문에 교육적 효과가 매우 크다는 겁니다. 테마공원을 다 돌아보고 나서 이렇게 자문해 보세요. 아니 부모들께서 스스로에게 질문해 보세요. 내 인생의 테마가 무엇인지, 또 자녀가 걸어갈 미래의 테마가 무엇인지를 말이죠. 단지 '공부해라!', '명문대학에 가라!', '좋은 직장에 취업해라!'는 식의 명령적인 조언보다는 자녀가 자신의 테마를 발견하고 찾아갈 수 있도록 도와주어야 합니다. 아이 스스로 자기 인생의 테마를 찾을 수 있는 힘을 키워 줘야 합니다.

여행은 사랑이라

여행은 사랑의 세포를 깨우는 시간

여행은 사랑입니다. 여행을 떠나면 자연과 나, 그리고 함께 살아가는 가족을 더욱더 사랑하게 되는 계기를 만들 수 있습니다. 직장에서 함께 일하는 상사와 동료, 후배들과의 관계를 돌이켜 보며 결국 내가 남겨줄 수 있는 것은 관심과 배려라는 것을 깨닫게 됩니다. 여행은 평소의 무뎌졌던 사랑의 세포가 깨어날 수 있도록 연습할 수 있는 좋은 기회를 만들어 줍니다. 우리 인생이 추구하는 목적의 종착역에는 사랑이 기다리고 있습니다. 사랑은 얼마나 많이 알고 있느냐보다 얼마나 실천할 수 있느냐가 인생을 행복하게 살아가는 비결이 아닐까요?

한국인이 가장 좋아하는 미국 국립공원

_ 요세미티 국립공원

투어 멘티 : 미국 국립공원의 맏형 격으로 불리는 요세미티 Yosemite는 한국인이 가장 정겨워하고 좋아하는 국립공원으로 평가받고 있습니다. 그 이유가 뭔지 궁금합니다.

투어 멘토 : 한국인의 취향에 가장 익숙한 국립공원이라서 그럴 겁니다. 한국인이 좋아하는 설악산처럼 계곡과 폭포, 산이 어우러진 자연이 요세미티 국립공원에 있습니다.

투어 멘티 : 요세미티가 미국에서 가장 많이 알려졌지만, 국립공원으로는 세 번째로 지정되었다고 들었습니다.

투어 멘토 : 요세미티는 시애라네바다의 광대한 자연을 보호하기 위해 1890년에 미국 국립공원으로 지정되었어요. 그리고 1984년에

세계 자연문화유산으로 지정된 미국이 자랑하는 대표적인 국립공원입니다. 최초의 국립공원이라는 타이틀은 와이오밍 주의 옐로스톤에게 넘겨주었지요. 당시 연방 정부에서 옐로스톤을 관리하고 있었는데, 재정을 감당하지 못하자 군부대에 관리권을 넘겨주게 됩니다. 그 과정에서 개발에 눈이 먼 민간업자들에 의해 급격한 자연훼손이 일어났지요. 그러자 연방 정부는 서둘러 국립공원을 지정하게 됩니다. 그러다 보니 서부를 찾아온 미국인들에게 가장 먼저 알려졌고, 인기를 얻은 요세미티는 몇 년이 지나서야 국립공원으로 지정됩니다. 하지만 요세미티 국립공원부터 시작된 '누구나 와서 즐기고 쉴 수 있는 공공의 땅' 이라는 개념은 그 당시만 해도 파격적인 콘셉트였습니다.

투어 멘티 : 요세미티 국립공원에 대해서 좀 더 구체적으로 설명해 주시죠.

투어 멘토 : 요세미티는 로스앤젤레스에서 북쪽으로 500킬로미터, 샌프란시스코에서 동쪽으로 320킬로미터 떨어진 지점에 위치해 있어요. 요세미티는 만년설을 이고 있는 투올러미 고산 지대, 수령이 2700년이 넘는 거대한 세쿼이아로 이루어진 메리포서 Mariposa, 볼거리가 많은 요세미티 계곡으로 나눌 수 있어요. 요세미티 국립공원의 고산 지대는 시에라네바다 산맥 중에서도 가장 험한 지형을 이루고 있습니다. 그 위에서는 광대한 투올러미 초원과 주위에 흩어져 있는 호수들이 어우러져 아름다운 자태를 드러냅니다.

울창한 숲 사이로 보이는 요세미티 폭포에서 거대한 물줄기가 힘차게 떨어지고 있다.

세쿼이아 국립공원의 상징인 세쿼이아 나무.

비교적 짧은 여름에는 고산 식물이 일제히 자라나 장관을 이루죠. 험준한 봉우리와 광대한 초원의 아름다운 풍경은 이 지대에 뻗어 있는 120번 타이오가 도로를 달리면서 즐길 수 있습니다.

투어 멘티 : 세쿼이아가 자라는 삼림 지대에는 기원전에 싹을 틔운 수목들이 빽빽이 들어서 있다고 들었는데, 실제로 그런가요?

투어 멘토 : 네, 그렇습니다. 그중에서도 메리포서 그로브에 있는 '그리즐리 자이언트'라 불리는 거목은 수령이 2700년으로 추정되고 있어요. 또한 세쿼이아 나무는 산불을 이겨내고 살아남는 몇 안

되는 수목 중의 하나죠. 세쿼이아 나무 기둥에 검게 그을린 자국이 산불을 이겨내고 살아났다는 증거입니다. 원래 세쿼이아는 불에 강한데다 딱딱한 외피로 쌓인 씨앗은 산불에 의해 튀어나와 싹을 틔우는 성질을 가지고 있다고 합니다. 요즘은 인위적으로 산불을 일으켜 어린 세쿼이아 나무가 자라기 쉬운 환경을 만들어 주고 있다고 합니다. 이 나무들은 땅속에서 뿌리가 서로 연결되어 양분을 나눠 먹고 자라기 때문에, 산꼭대기에 있는 나무도 푸른 잎을 가지고 있어요. 마치 '가장 오래 살아남으려면 서로 협력하라'는 교훈을 우리 인간에게 전해 주는 것 같습니다. 세쿼이아 삼림은 5월부터 10월까지 무료로 트램을 운행하고 있으며, 1시간 정도면 내부를 돌아볼 수 있습니다.

　투어 멘티 : 요세미티 계곡은 빙하 시대에 생성된 것으로 알려져 있는데, 설명을 부탁드립니다.

　투어 멘토 : 머시드Merced River 강 주변의 산 사이를 산악 빙하가 이동하면서 무른 화강암을 깎아내었고, 이로 인해 그 사이가 넓어져 U자 계곡이 되었습니다. 그 후 빙하가 녹기 시작하면서 계곡으로 밀려나온 퇴적물이 빙하 호수를 메워서 계곡 사이에 평탄한 바닥 부분이 형성되었지요. 현재 계곡에는 삼나무와 전나무 등이 삼림을 이루고 있어요. 초원에는 계절마다 피는 꽃들이 군락을 이루어 장관을 이룹니다. 요세미티 폭포 등 계곡 주변에 있는 폭포는 수량이 풍부한 5월과 6월에 힘찬 물보라를 일으킵니다. 또한 요세미

요세미티에서 가장 특이한 상징물로 꼽히는 '하프 돔'이 우뚝 솟아 있다. 암벽 전문가들의 끊임없는 도전이 계속되고 있다.

티에 서식하는 검은 곰을 비롯하여 코요테, 다람쥐 등 다양한 야생동물을 볼 수도 있어요.

투어 멘티 : 요세미티는 미국에서도 손꼽히는 자연 리조트인데다 광대한 산악 공원인 만큼 즐기는 방법도 다양할 것 같습니다. 몇 가지만 소개해 주시죠.

투어 멘토 : 하이킹과 등산 코스가 워낙 많아서 요세미티를 제대로 즐기려면 1주일을 묵어도 시간이 부족할 겁니다. 우선 관광의 거점은 요세미티 계곡입니다. 거대한 바위산과 무수히 많은 폭포와 계곡 등 대자연의 장엄한 경관이 무엇인지를 실감할 수 있지요. 이곳에서 무료 셔틀버스를 타고 요세미티 폭포와 글레이셔 포인트를 돌아보거나, 현지 투어에 참가하여 셔틀버스가 닿지 않는 곳까지 돌아보는 방법을 추천합니다. 요세미티의 주요 명소를 소개하면 다음과 같습니다.

● **하프 돔**Half Dome _ 요세미티 밸리 동쪽에 위치해 있으며, 8700만 년 전에 생겨난 화강암으로 된 바위산이다(해발 2,695미터). 빙하의 침식 작용에 의해 둥근 형태의 돔을 칼로 절반을 싹둑 자른 모양의 암벽이 되었으며, 요세미티에서 가장 특이한 상징물로 여겨지고 있다. 엘 캐피탄El Capitan과 더불어 암벽 전문가들의 도전 대상이 되고 있다.

● **요세미티 폭포**Yosemite falls _ 세계에서 두 번째, 미국에서는 가장 긴 폭포이다. 어퍼 폭포, 캐스케이드 폭포, 로어 폭포로 이루어진 3단 폭포로서, 세 폭포의 총 낙차는 739미터나 된다. 해빙기인 3~6월경에 최고의 웅장함을 선보이는데, 굉음과 함께 물보라를 일으키며 떨어지는 모습은 감동적이다. 하지만 여름이 되는 7월경부터는 수량이 줄어들다가 가을이 되면 물이 말라버린다.

● **엘 캐피탄**El Capitan _ 요세미티 계곡 입구에 우뚝 솟아 있는 높이 1,078미터의 화강암으로 된 절벽이다. 단일 바위로는 세계에서 가장 큰 화강암으로 알려져 있으며, 이 수직 절벽은 암벽 타기 전문가들에게는 성지로 여겨지고 있다. 엘 캐피탄 옆 절벽에서 흘러 떨어지는 아름다운 폭포는 '처녀의 눈물'이라 불리는 리본 폭포이다.

● **노스 돔**North Dome _ 하프 돔 북쪽에 위치해 있으며, 높이 2,299미터의 바위산은 멀리서도 쉽게 눈에 띈다. 노스 돔 중턱에는 무지개 모양의 '로열 아치Royal Arch'가 보이는 것으로 유명하다. 노스 돔 옆의 바위 봉우리는 '워싱턴 칼럼Washington Column'이라 불린다.

얼음이 녹아서 흘러내리는 요세미티 폭포는
봄에 최고 수량을 자랑하다가 가을이 되면 물이 말라버린다.

- **글레이셔 포인트**Glacier Point _ 높이 2,199미터의 절벽에 있는 전망대. 하프 돔과 눈 아래로 펼쳐지는 계곡 등 최고의 전망을 자랑한다. 그 밖에도 로열 아치, 노스 돔 등 요세미티의 웅장한 경관을 조망할 수 있다. 전망대로 가려면 요세미티 로지Yosemite Lodge에서 출발하는 투어인 글레이셔 포인트 투어(Glacier Point Tours, 봄부터 가을까지 운행)를 이용하거나 6.5킬로미터 정도의 트레일을 3~4시간 걸어가야 한다.

- **브라이달 베일 폭포**Bridal Veil Falls _ 바람이 불면 하늘하늘 나부끼는 가느다란 폭포의 모습이 신부의 면사포처럼 보인다고 하여 붙여진 이름이다. 폭포의 낙차는 189미터이며, 계곡의 가장 서쪽에 위치해 있는 아름다운 폭포이다.

투어 멘티 : 요세미티는 너무 넓어서 하루 만에 다 돌아볼 수 없어 숙박을 알아보는 분들이 많습니다. 숙소 정보와 유의할 사항이 있으면 말씀해 주시죠.

투어 멘토 : 엘 캐피탄, 하프 돔, 요세미티 폭포 등 수많은 명소에다 면적도 넓어서 하루에 다 볼 수 없다 보니 공원 안팎에 숙소들이 많습니다. 요세미티의 감동은 어느 숙소에서 묵느냐에 따라 감동이 달라집니다. 공원 안에 있는 숙소의 경우 성수기에는 비싸기 때문에 몇 개월 전에 신청해야 하는데다 구하기도 쉽지 않습니다. 공원 내에 있는 숙소는 크게 네 종류가 있는데, 40달러짜리 절약형에서부터 400달러가 넘는 고급형까지 다양합니다. 예약은 홈페이지

요세미티 국립공원에는 텐트 캐빈부터 호텔까지 다양한 숙박 시설이 있다.

(www.yosemitepark.com)에서도 할 수 있어요. 성수기에는 객실을 구하기가 매우 어려운 만큼 공원에서 조금 떨어진 곳에 있는 모텔이나 숙소를 알아보는 것이 좋습니다. 또한 자주 눈이 내리는 지역이라서 따뜻한 옷과 자동차 스노우 체인을 반드시 챙겨야 합니다. 아침 일찍 일어나 동편에서 밝아오는 하프 돔의 모습이나 밤 새 내린 하얀 눈을 밟아보는 느낌은 공원 안에서만 누릴 수 있는 색다른 경험이죠. 밤하늘에 반짝이는 별들의 군무는 말로 표현할 수 없을 만큼 아름답습니다. 다만 밤낮의 기온차가 매우 크기 때문에 두툼한 옷과 함께 여분의 물과 음식을 챙겨 가야 한다는 것을 잊지 말아야 합니다.

● **커리 빌리지**Curry Village _ 요세미티 밸리의 중심에 위치하고 있으며, 저렴한 가격에 모텔, 캐빈, 캔버스 텐트 등 다양한 종류의 숙박 시

새파란 하늘과 폐부가 시원할 만큼 상쾌한 공기를 내뿜는 요세미티 국립공원에는 하이킹이나
자전거를 즐기는 사람들이 끊임없이 몰려든다.

설을 이용할 수 있다. 여름에는 야외 풀장을, 겨울에는 스케이트장을 개장하여 아이들과 함께 즐기기에 좋다. 뒤로는 글래시어 포인트를, 앞으로는 머시드 강을 끼고 있다.

● 하우스키핑 캠프Housekeeping Camp _ 머시드 강을 따라 들어선 캐빈형 숙박 시설로, 요세미티 폭포와 하프 돔이 바라다 보이는 경관이 압권이다. 요세미티의 숙박 시설 중에서 유일하게 캠프파이어 시설이 갖추어져 있다. 여름에는 강가에서 물놀이를 할 수 있어 관광객들에게 인기가 높다. 보통 그해에 다음 연도 상반기의 예약이 다 찬다.

● 요세미티 리지Yosemite Lodge at the Falls _ 요세미티 폭포로 가는 길목에 있는 시설로 요세미티 폭포가 한눈에 들어온다. 이곳 역시 성수기에는 1년 전부터 예약해야 할 정도로 인기가 높다.

● 아와니 호텔Ahwahnee Hotel _ 요세미티 밸리의 중심에 자리 잡고 있어 최고의 경관을 자랑한다. 요세미티 폭포, 하프 돔, 엘 캐피탄의 모습이 한눈에 들어온다. 1927년에 돌과 나무, 콘크리트 등을 사용하여 북미 원주민 양식으로 건축되었으며, 1987년에 국가 사적으로 지정되었다.

 **투어 멘토의 여행 정보**

* 주소 : Yosemite National Park, California 95389
* 전화 : (209)372-0200
* 홈페이지 : www.nps.gov/yose

사랑하는 연인, 가족과 거닐고 싶은 해변

_ 말리부, 산타 모니카, 베니스 비치, 롱비치, 라호야 비치

투어 멘티 : 캘리포니아 해변은 미국을 찾는 관광객들에게 빼놓을 수 없는 여행 코스라고 들었습니다.

투어 멘토 : 작렬하는 태양 사이로 파도가 부서지고, 해변에 우뚝 선 팜트리 사이로 시원한 바람이 불어옵니다. 고운 모래로 뒤덮인 해변은 끝이 보이지 않습니다. 바로 보석처럼 아름다운 캘리포니아 해변의 모습입니다. 온화한 기후로 인해 사시사철 나들이객들의 발길이 끊이지 않아요. 한국의 대표적인 해변인 해운대의 길이가 몇 킬로미터인데 비해 캘리포니아 해변은 수백 킬로미터에 달합니다. 지역을 경계로 끊어서 이름을 붙이고 있지만, 원래는 통짜에 가까운 하나의 해변입니다. 사실 말리부에서 남쪽 롱비치에 이르기까지

롱비치 해변에서 모래 장난을 하고 있는 아이들.

LA 카운티에만 무려 40여 개의 크고 작은 해변이 있다 보니 구분하기가 어렵다는 말들이 나옵니다. 이 해변들은 샌디에이고까지 이어집니다.

　투어 멘티 : 각 해변마다 개성이 넘친다고 들었습니다. 이들 해변들의 특징에 대해서 말씀해 주시죠.

　투어 멘토 : 서핑을 즐기고 싶다면 말리부와 헌팅턴 비치, 요트를 즐기려면 주마 비치, 캠핑을 원한다면 레오 카리요 비치, 연인과 함께라면 엘 마타도어 비치, 비치발리볼을 즐기려면 맨해튼 비치, 여

서핑을 즐기기에 제격인 말리부 해변에 있는 피어.

유롭게 해변을 거닐고 싶다면 뉴포트 비치가 제격이죠. 만약 가족과 함께 해변을 거닐고 싶다면 산타모니카 비치를, 인라인 스케이트와 길거리 쇼핑을 즐기고 싶다면 베니스 비치를, 아이들에게 바다표범을 보여주려면 라호야 비치로 갈 것을 추천합니다.

● **말리부 비치**Malibu Beach _ 1번 국도를 따라 가다 말리부에 이르게 되면 어김없이 보게 되는 장면이 있다. 물개 무리인가 싶어 가까이 다가가 바라보면 검정색 서핑복을 입고 파도타기를 즐기는 서퍼들이다. 그래서 인근 도로는 차 댈 곳이 귀하다. 깨끗하고 아름다운 피어는 아이들과 낚시를 즐기기에 좋다. 말리부 크릭과 만나는 곳에 조성된 자연 습지인 말리부 라군은 갖가지 조류와 자연 생물들의 보금자리가 되고 있으며, 주립공원으로 지정되어 있다.

* 주소 : 23200 Pacific Coast Highway. Malibu CA 90265

● **엘 마타도어 비치**El Matador Beach _ 말리부에서 북서쪽으로 10마일 거리에 있는 해변으로, 아는 사람들만 찾는 곳이다. 해변 한 가운데의 커다란 바위와 해안 절벽 아래에는 파도에 의해 침식된 해식동굴이 있으며, 해변 주변에는 잘 발달된 갯바위들이 많아서 풍광이 매우 아름답다. 사진작가들이 즐겨 찾는 곳으로 알려져 있다. 단지 흠이라면 주차를 하고 나서 경사진 계단을 따라 조금 걸어야 된다는 것. 그렇다 보니 오히려 사람들로 붐비지 않아서 좋다. 특히 해질녘 연인과 함께 바라보는 일몰은 환상 그 자체다.

* 주소 : 32215 Pacific Coast Highway. Malibu CA 90265

● **주마 비치**Zuma Beach _ LA 카운티에서 가장 크고 인기 있는 해변 중의 하나로, 말리부 북쪽에 위치하고 있다. 연을 이용하는 카이트 서퍼들뿐만 아니라 요트를 타기에도 제격이다. 해변 남쪽의 절벽에는 암벽 등반 코스가 있어서 주말이면 암벽 등반가들이 몰려든다. 해변이 북쪽에 위치해 있어 한여름에도 수온이 섭씨 20도 전후여서 물이 차갑다. 겨울에는 무리 지어 이동하는 고래 떼를 관찰할 수 있다.

* 주소 : 30000 Pacific Coast Highway. Malibu CA 90265

● **레오 카리요 비치**Leo Carrillo State Park _ 산타 모니카에서 1번 국도(PCH)를 타고 45킬로미터(28마일)쯤 북쪽으로 올라가면 오른쪽에 주립공원이 나온다. 이곳은 사계절 가족 캠프장으로 인기가 높은 곳으로, 캠프장에서 해변으로 걸어갈 수 있다. 2.4킬로미터(1.5마일) 길이의 해변에서 수영, 서핑, 낚시, 윈드서핑 등을 즐길 수 있다. 그늘 좋은 아름드리 시커모어 나무(미국에서 자라는 플라타너스 나무) 주변으로 135개의

베니스 비치 일대에는 그림과 공예품을 파는 상인들과 거리 공연을 하는 젊은이들로 활력이 가득하다.

가족 캠프 사이트가 마련되어 있다. 캠프장 예약은 7개월 전부터 예약이 가능하다.

* 주소 : 35000 W. Pacific Coast Highway. Malibu CA 90265
* 예약 : www.reserveamerica.com

● 베니스 비치Venice Beach _ 산타 모니카에서 해변을 따라 남쪽으로 10여 분 정도만 가면 닿는 곳으로, 색다른 상점과 비키니 차림의 여성들이 많다. 여느 해변들과 달리 젊음이 용솟음치는 곳이다. 초기 로스앤젤레스의 예술인과 시인들이 몰려들어 보헤미안적 특징을 고루 갖춘 오션 프런트 워크Ocean Front walk 일대는 각종 거리 공연을 하는 이들

저녁 해가 바다 위로 떨어지면 남가주 해변은 온통 황금물결로 출렁인다.

과 롤러 블레이드를 즐기는 젊은이들로 넘쳐 난다. 해변을 즐긴다기보다 이곳의 문화를 즐긴다는 표현이 어울리는 곳이다. 늘어선 야자나무 아래로 산책을 하면서 느끼는 상쾌함은 말로 표현할 수 없을 정도다. 베니스 운하Venice Canals에서는 이탈리아의 베니스를 그대로 느껴볼 수 있다. 해질녘의 석양을 바라보며 연인과 함께 즐기는 곤돌라 크루즈는 베니스 비치의 백미다.

* 주소 : N. Venice Blvd & Pacific Ave. Venice, CA 90291

● **맨해튼 비치**Mahattan beach _ 해변 언덕을 따라 늘어선 지중해풍의 주택들과 초록색 공원들 언덕 아래로 펼쳐진 바다 풍경은 영화의 한 장면처럼 아름답다. 그래서 이곳에서는 수시로 영화나 TV 드라마가 촬영된다. 운이 좋다면 영화 속 멋진 스타들을 만날 수도 있다. 27가와 하

일랜드 애비뉴의 공원은 피크닉 장소로 제격이다. 왼쪽으로 팔로스 버디스 반도가 한눈에 들어온다. 해변 도로는 조깅과 인라인 스케이트를 즐기기에도 좋다.
* 주소 : 1400 Highland Avenue. Manhattan Beach, CA 90266

● **카브리요 비치**Cabrillo Beach _ 앞쪽으로 샌 페드로 항이, 뒤로는 '우정의 종각'이 보이는 카브리요 비치는 긴 방파제를 사이에 두고 내항과 외항의 해변으로 나뉜다. 카브리요 해양 박물관Cabrillo Marine Museum 앞쪽의 해변은 물결이 잔잔하고, 모래가 고와서 아이를 동반한 물놀이에 좋다. 방파제 오른쪽은 밀려오는 파도를 즐기기에 좋다. 긴 방파제를 따라 만들어진 잔교(Pier)는 언제나 낚시꾼들로 넘쳐 난다. 파도를 즐긴 후에 그늘진 숲속에서 피크닉도 즐기고, 해양 박물관을 둘러봐도 좋다. 자동차를 가져갔을 때는 해양 박물관에 주차하는 것이 편하다.
* 주소 : 3720 Stephen M. White Drive. San Pedro, CA 90731

● **메인 비치**Main Beach _ 라구나 다운타운 중심에 위치한 아담한 해변이다. 자전거와 서핑, 발리볼, 농구 등의 스포츠를 즐기는 사람들이 많고, 해변을 바라보면서 메인 비치부터 브룩스 스트리트 비치를 지나 아치 코브까지 구불구불 이어진 산책길이 인기다. 주말에는 보드워크를 따라 걸으며 예술가들이 전시한 작품과 연주자들의 음악을 감상할 수 있어 연인 혹은 가족과 함께 걷기에 좋다. 자전거, 서핑, 발리볼 등 해변 스포츠뿐만 아니라 아이들을 위한 놀이터가 있고, 애완견도 함께 들어갈 수 있어 온 가족이 시간을 보내기에 좋다.
* 주소 : 101 S. Coast Hwy Laguna Beach

• **태머랙 비치**Tamarack Beach _ 샌디에이고 인근 칼스배드 주립공원 안에 있다. 태머랙 비치는 레고랜드를 포함해 시 라이프 아쿠아리움, 칼스배드 꽃단지, 칼스배드 프리미엄 아울렛 몰 등을 방문한 후 일몰을 바라보며 여유롭게 산책하기에 좋은 해변이다. 태머랙 비치부터 칼스배드 빌리지 드라이브까지 6.5킬로미터 정도의 산책길이 이어져 있다. 태머랙 해변에서는 수영, 서핑, 발리볼, 스쿠버 다이빙, 카약, 윈드서핑, 낚시 등을 즐길 수 있고, 산책로에서 조깅과 자전거를 탈 수 있어 야외 활동을 원하는 해변으로는 제격이다.

* 주소 : Tamarack Ave & Carlsbad Blvd. Carlsbad, CA 92008

• **라호야 해변**La Jolla Shores _ 조개껍질이 덮인 길고 평평한 라호야 코브La Jolla Cove 해변은 수평선을 바라보며 여유롭게 걷기에 좋다. 돌아오는 길에 모래사장이나 바위 위에 드러누워 있는 바다표범을 만날 수 있고, 모래성도 만들 수 있어 아이들과 함께 즐길 수 있는 최적의 해변이다. 썰물 때 물이 차는 어린이용 야외 수영장은 수심이 낮아 아이들이 물놀이하기에 좋다. 인기 있는 라호야 워킹 투어 코스는 '코모런츠 클리프Cormorant's Cliff → 라 호야 코브La Jolla Cove → 코스트 뷰Coast View → 타이드 풀Tide Pool → 칠드런스 풀Children's Pool → 뮤지엄 오브 컨템포러리 아트Museum of Contemporary Art → 나인 텐 레스토랑Nine Ten Restaurant' 순서로 조성되어 있다.

* 주소 : 1325 Cave Street. La Jolla, CA 92037

• **미션 베이 파크미션 비치**Mission Bay Park Mission Beach _ 시 월드Sea World가 있는 미션 베이 서쪽에는 미션 비치Mission Beach가 자리

잔잔한 파도와 넓은 모래사장으로 아이들이 놀기 좋은 라호야 비치에는 풍광을 즐길 수 있는 산책로가 인기다.

잡고 있다. 샌디에이고 중심부에 위치한 미션 비치에서부터 퍼시픽 비치까지 3킬로미터에 이르는 해변 바로 앞 보드워크를 따라 바다를 바라보며 걸을 수 있는 멋진 산책로가 있다. 해질녘에 미션 베이 드라이브를 따라 다리를 건너 미션 비치를 걸어가면 웅장한 노을을 감상할 수 있다.

* 주소 : 2688 E Mission Bay Dr. San Diego, CA 92109

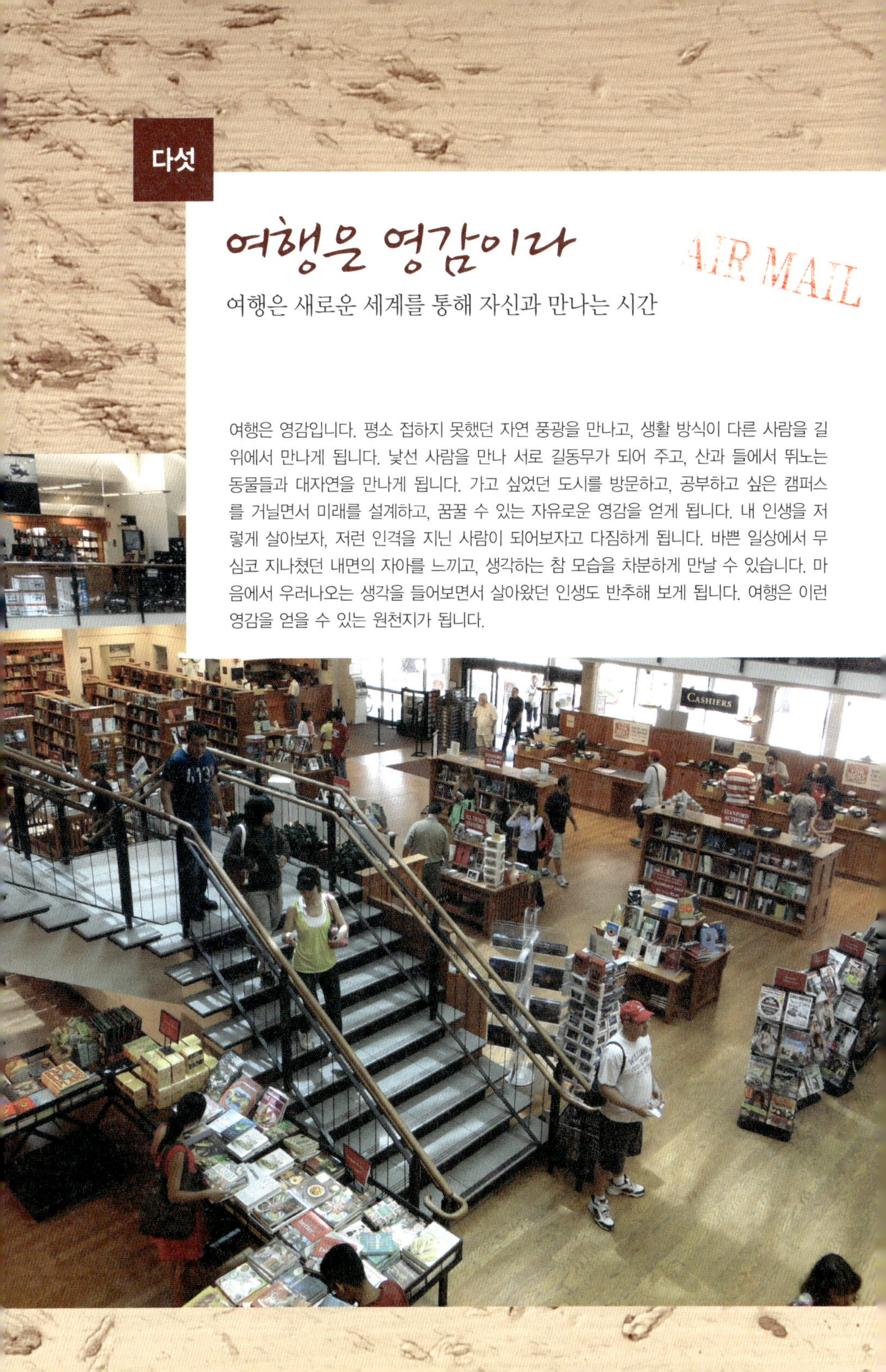

여행은 영감이라

여행은 새로운 세계를 통해 자신과 만나는 시간

여행은 영감입니다. 평소 접하지 못했던 자연 풍광을 만나고, 생활 방식이 다른 사람을 길 위에서 만나게 됩니다. 낯선 사람을 만나 서로 길동무가 되어 주고, 산과 들에서 뛰노는 동물들과 대자연을 만나게 됩니다. 가고 싶었던 도시를 방문하고, 공부하고 싶은 캠퍼스를 거닐면서 미래를 설계하고, 꿈꿀 수 있는 자유로운 영감을 얻게 됩니다. 내 인생을 저렇게 살아보자, 저런 인격을 지닌 사람이 되어보자고 다짐하게 됩니다. 바쁜 일상에서 무심코 지나쳤던 내면의 자아를 느끼고, 생각하는 참 모습을 차분하게 만날 수 있습니다. 마음에서 우러나오는 생각을 들어보면서 살아왔던 인생도 반추해 보게 됩니다. 여행은 이런 영감을 얻을 수 있는 원천지가 됩니다.

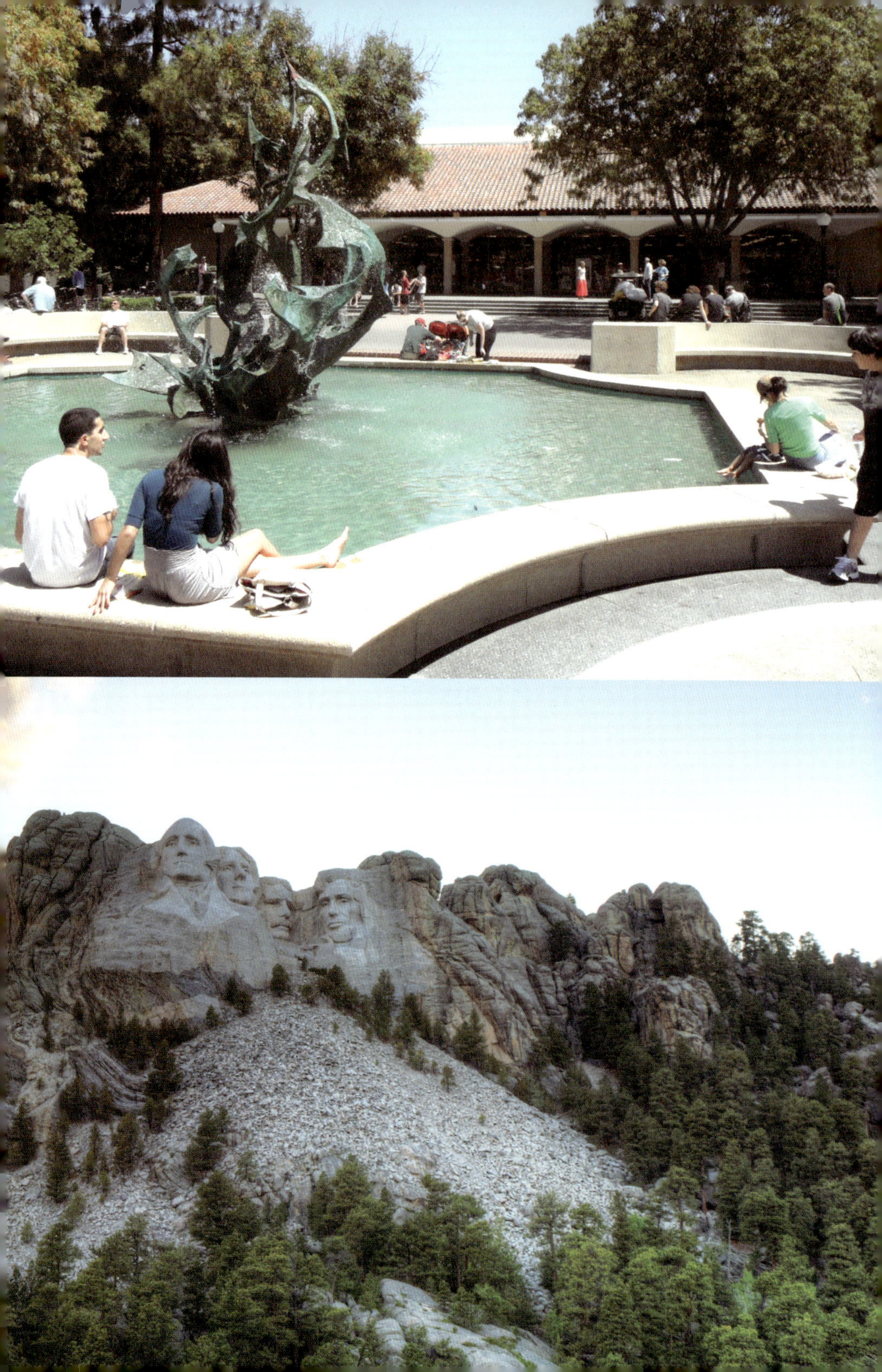

자녀의 미래를 설계하는 대학 탐방
_ UC버클리, 스탠포드, UCLA, USC, 칼텍, 패서디나 아트센터

2012년 진권용 씨(21세)는 한국인 최초로 하버드 대학 학부를 수석으로 졸업한 후, 같은 해 9월에 예일대 로스쿨로 진학하여 화제를 모았다. 하버드 대학을 만점(평균 평점 4.0점)으로 졸업하고, 우수 논문상을 거머쥔 그는 한 언론사와의 인터뷰에서 이렇게 말했다.

"저의 유학은 '여행으로 세상을 보는 시야를 넓혀야 한다!'는 아버지의 권유로 시작됐습니다. 초등학교 4학년 때 미국 여행을 하며 현지인에게 자신의 생각을 표현할 수 없어 답답했던 경험 때문에 유학을 떠나기로 결심했습니다."

초등학교 6학년 때 캐나다로 갔던 진 씨는 혹독한 언어 장벽을 겪어야 했지만 이를 이겨내고 미국 최고의 사립 고교인 매사추세츠 앤도버에 진학했고, 졸업 후 하버드 대학에 입학하는 성과를 이루었다.

투어 멘티 : 언론에 보도된 진권용 씨의 경우를 보더라도, 그는 어린 나이에 여행을 통해서 인생의 진로를 바꾸는 계기를 만들었습니다. 해외여행을 자녀 교육에 활용할 수 있는 방법이 있을 것 같은데, 어떻게 생각하십니까?

투어 멘토 : 미국에서는 중고교 때 부모와 함께 대학 캠퍼스를 방문하는 경우가 많아요. 지역 주립대도 좋고, 명문대가 있는 서부와 동부 지역을 미리 방문해 보며 미래를 설계하곤 하지요. 최근 들어 한국에서도 상당수의 학부모들이 유학을 계획하는 자녀들과 함께 미국을 방문하고 있습니다. 미래에 자신이 공부하고 싶은 대학 캠퍼스를 미리 방문해 눈으로 직접 보고 체험하며 꿈을 키워 나가도록 격려하기 위함이지요. 방학은 대학 진학을 앞둔 상급 학년에게는 가족과 의견을 나누고, 자신이 입학할 대학을 결정짓는 매우 중요한 시기입니다. 또한 초 · 중급 학년 자녀를 둔 학부모에게는 아이에게 미래의 꿈을 심어줄 수 있는 시기입니다. 이 기간을 이용해 자녀와 함께 교육 여행을 떠나게 되면, 아이에게 깊은 영향을 미칠 수 있습니다.

투어 멘티 : 자녀와 함께 떠나는 교육 여행은 '탐방'과 '관광'의 효과를 동시에 얻는 여행이라고 볼 수 있겠군요.

투어 멘토 : 그렇죠. 탐방이 어떤 사실이나 소식 따위를 알아내기 위해 사람이나 장소를 찾아가는 것이고, 관광이 다른 지방이나 나라에 가서 풍경, 풍습, 문물 등을 구경하는 것이니까 교육 여행은 이 두 가지를 합친 것이라고 볼 수 있겠네요. '한 번의 경험이 자녀

의 미래를 바꾼다.'라는 말이 있습니다. 방학을 맞아 자녀와 함께 명문대학의 캠퍼스를 함께 거닐며 교풍을 체험해 보세요. 세계 최고 수준의 대학에 입학할 수 있다는 포부를 심어 주고, 아울러 그 지역 명소를 함께 둘러보며 소중한 추억을 만든다면 더할 나위 없이 알찬 방학이 될 것입니다. 미국 서부 지역의 주요 명문대학을 소개하면 다음과 같습니다.

세계적인 인재들과 함께 성장하고 싶다면

● 스탠포드 대학 _ '농장The Farm'이라 불리는 넓은 캠퍼스를 자랑하는 스탠포드 대학은 '서부의 하버드'라 불리는 수준 높은 명문 사립 대학이다. 담쟁이덩굴로 덮인 스패니시 양식의 건물과 야자나무가 늘어선 아름다운 캠퍼스는 둘러보는 것만으로도 영감을 떠올릴 수 있다. 1891년 캘리포니아 주지사였던 '리런드 스탠포드'가 죽은 아들을 기리기 위해 지은 대학으로, 미국의 31대 대통령 허버트 후버 등 세계 각국의 주요 리더들을 배출하고 있다. 최근에는 클린턴 전 대통령의 딸이 졸업하는 등 저명인사의 자제들이 다니는 학교로도 유명하다. 캠퍼스에는 후버의 업적을 기리기 위해 건립한 83미터 높이의 후버 타워와 교회, 골프 코스까지 갖추고 있으며, 부속 대학 병원을 보유하고 있다. 세계적인 IT 기업의 본사가 있으며, 산학 협력이 잘 이루어지는 대학으로 손꼽힌다.

　＊ 홈페이지 : www.stanford.edu

명문 주립대로 미국 전역에 명성을 떨치고 있는 UC버클리 캠퍼스 전경.

자유롭고 진취적인 학생이라면

● **캘리포니아 주립대 버클리 분교**University of California, Berkeley _
줄여서 '버클리'로 불린다. 1960년대 학생운동의 발상지로 유명한 버클리는 자유분방한 분위기로 활기가 넘치고, 15명의 노벨상 수상자를 배출해 낸 명문 주립대학이다. 미국 서부를 대표하는 명문대학으로서 '캘리포니아 대학UC' 계열 캠퍼스 10곳 가운데 가장 먼저 설립됐다. 미국인들에게는 '칼Cal'이라는 이름으로 친숙하다. 흰색 전당 같은 캠퍼스와 푸른 잔디가 깔린 전경은 대학으로서의 이상적인 외형을 갖추고 있다. 버클리의 상징인 시계탑 '새더 타워(93미터)'에 오르면 캠퍼스와 시내 전경은 물론 샌프란시스코, 금문교까지도 보인다. 재미 한인 상가 밀집 지

서부 명문 스탠포드 대학의 캠퍼스 전경. 붉은 지붕의
스패니시 풍 건물이 녹색의 나무들과 조화를 이루고 있다.

영화 「졸업」의 촬영지였던 버클리 대학 정문.

역인 오클랜드 텔레그래프 애비뉴에서 가깝다. 영화 「졸업The Graduate」
(1967년)의 촬영지로 유명한 버클리는 서해안에서 가장 캘리포니아다운
대학 캠퍼스를 자랑하고 있다. 도보로 세 시간이면 충분히 돌아볼 수
있다.

* 주소 : 2015 Center st. Berkeley, CA 94704
* 전화 : (510)549-7040
* 홈페이지 : www.visitberkeley.com

예술적인 재능이 있다면

● **패서디나 아트센터** _ 1930년 로스앤젤레스 중심가에 '아트센터 스

명문 미술대로 알려진
'패서디나 아트센터'(사진, 위),
한국인 재학생이 많은 명문
UCLA 캠퍼스(사진, 중앙)와
라이벌 학교인 USC 캠퍼스 전경
(사진, 아래).

쿨Art Center School'이라는 이름으로 개교하였으며, 1965년에 현재의 명칭인 '아트센터 디자인 칼리지 오브 디자인Art Center College of Design'으로 개명했다. 흔히 '패서디나Pasadena 아트센터'로 불린다. 미국의 3대 미술대학 중 하나로 세계적인 명성을 얻고 있다. 자동차 디자인과 상품 디자인, 광고 디자인 등 실용 디자인 분야에서 우수성을 인정받고 있다. 나이키Nike, 디즈니Disney, 비엠더블유BMW와 같은 세계 유수의 기업 및 국가 기관과 디자인 분야에서 협력하고 있다. 최근 이 학교 출신의 한국인 인재들도 주목을 받고 있다. 자동차, 산업 디자인, 할리우드 애니메이션 분야 등에서 세계적으로 내로라하는 대가를 배출한 이 학교에서 최근 한국인 출신들도 약진하고 있다. 메르세데스-벤츠의 프리미엄 SUV(스포츠 유틸리티 차량) 신형 M클래스를 디자인한 휴버트 리, 할리우드 어벤저스와 트랜스포머 등 대작에서 콘셉트 디자인을 총괄한 스티브 정 등이 대표적이다.

* 주소 : 1700 Lida St Pasadena, CA 91103

* 전화 : (626)396-2200

* 홈페이지 : www.artcenter.edu

엔터테인먼트 분야에서 성공하고 싶다면

● 캘리포니아 주립대 로스앤젤레스캠퍼스 분교University of California at Los Angeles _ 미국 캘리포니아 로스앤젤레스에 있는 대학교로, 'UCLA'라는 이름으로 더 많이 알려져 있다. 녹음이 우거진 대학 캠퍼스에는 빨간 벽돌로 지어진 170여 개나 되는 학교 건물이 자리 잡고 있어 아름다운 환경에서 대학 생활을 보내는 학생들이 부러울 정도다. 특히 해외 한인 최대 규모의 커뮤니티가 있는 로스앤젤레스에 위치해 있

어 한인 학부모들이 가장 선호하는 대학 중의 하나다. 캘리포니아 주립 대학교를 뜻하는 'UC(University of California)' 대학 10곳 가운데 버클리와 UCLA가 가장 많이 알려져 있다. UCLA는 1919년에 설립됐으며, 1969년 미국 국방부 산하 고등연구계획국(Advanced Research Project Agency)이 인터넷의 전신인 '아파넷ARPAnet'을 최초로 연결한 두 대학 가운데 하나이다. 인문학부터 경영, 법학, 공학, 의학 등 모든 전공이 미국 대학의 상위권에 들 정도로 명성이 높다. 지구물리천체연구소, 고분자생물학연구소, 두뇌연구소, 의학공학연구소 등을 별도로 운영하고 있다. 할리우드와 인접해 있어 엔터테인먼트 분야의 학과가 강세다.

* 주소 : West Los Angeles, Los Angeles, CA 90095

* 전화 : (310)825-4321

* 홈페이지 : www.ucla.edu

영화, 경영 분야에서 두각을 드러낸다면

• 남캘리포니아 대학교University of Southern California _ 남캘리포니아 대학USC은 LA 시민들에게 휴식 장소로 사랑을 듬뿍 받고 있는 엑스퍼지션 공원 북쪽에 위치하고 있다. UCLA와 함께 라이벌 엘리트 학교로 이름 높은 사립대학이다. 한국에서는 '남가주 대학'으로 잘 알려져 있다. 1880년에 개교한 이래 현재는 3만여 명의 학생이 재학 중인 매머드급 대학이다. 아름다운 캠퍼스에는 유서 깊은 건물이 많아 영화 「포레스트 검프」, 「졸업」 등의 촬영지로도 이용되었다. 미국 전역과 전 세계 112개국에서 온 학생들이 재학할 정도로 미국에서 해외 유학생이 가장 많은 대학 중 하나다. 현재 20여 만 명의 졸업생이 사회로 진출했으며, 그 가운데 약 75%가 캘리포니아 주에 거주하고 있다. 그동안 학

계, 재계, 문화예술계, 정치계, 체육계 등 각계각층의 저명인사를 배출했으며, 동문의식이 유난히 강한 대학으로 알려져 있다. 유명 졸업생으로는 우주비행사 닐 암스트롱Neil Armstrong, 영화감독이자 제작자인 조지 루카스George Lucas 등이 있다. 특히 영화계와 경영 분야에서 인적 네트워크가 강하다.

* 주소 : 850 West 37th Street, Los Angeles, CA 90089

* 전화 : (213)740-2787

* 홈페이지 : www.usc.edu

수학, 공학에 재능을 보인다면

● 캘리포니아 공과대학California Institute of Technology _ 미국 서부에서 가장 많은 노벨상 수상자를 배출한 대학은 어디일까? 버클리도 스탠포드도 아닌, 대학원까지 포함해도 재학생이 2천 명 남짓한 캘리포니아 공과대학이다. 흔히 줄여서 '캘텍Caltech'이라고 부른다. 1917년 로스앤젤레스 북동쪽의 패서디나에 설립된 이후 30여 명의 노벨상을 배출한 명문 공대이다. 리히터 지진 측정기를 만든 학자도, 우주 생성에 관한 빅뱅 이론을 주창한 석학들도 모두 이 대학 출신이다. 상대성이론으로 유명한 과학자 알베르트 아인슈타인, 칼 앤더슨, 리처드 파인먼 등이 교직이나 연구직을 수행했다. 동부의 매사추세츠 공과대학교MIT와 비견되는 이공계 대학으로, 규모는 작지만 자연과학과 공학에 중점을 두고 소수 정예의 영재 교육을 추구하는 연구 중심의 세계적인 명문대학이다. 입학생 선발이 엄격하기로 유명하며, 조건에 상관없이 능력만으로 입학생을 뽑는다. 미국 우주개발 계획의 중심인 제트엔진추진연구소가 큰 역할을 담당하고 있다. 지진연구소, 관측소, 베크먼 연구소, 브리지 물리

연구소, 커크호프 생명과학연구소, 캐힐 천문학 · 천체 물리학센터 등을
보유하고 있다.

* 주소 : 263 South Chester Avenue Pasadena, CA 91106

* 전화 : (626)395-6811

* 홈페이지 : www.caltech.edu

투어 멘토 : 서부 지역에 소재한 대학을 돌아보고 성에 차지 않는
한국 학부모님들이 많을 거라고 봅니다. 아직까지도 미국의 명문대
학을 꼽으라면 가장 먼저 하버드를 떠올리는 분들이 있으니까요.
그런 경우라면 아이비리그가 있는 동부 지역을 탐방해 보시면 좋습
니다. 잘 아시다시피 '아이비리그Ivy league'란 동부에 있는 명문 사립
대학 8개 대학교를 총칭하는 이름이지요. 하버드, 예일, 프린스턴,
유펜, 콜롬비아, 브라운, 다트머스, 코넬 등이 포함되어 있습니다.
이들 대학교에 담쟁이덩굴Ivy로 덮인 건물이 많은 데서 유래했다고
합니다. 아이비리그는 다음 기회에 자세히 소개하도록 하겠습니다.

‘바라봄’의 힘을 느낄 수 있는 상징들

_ 큰 바위 얼굴 vs 크레이지 호스

투어 멘티 : 자녀와 함께 미국으로 여행 오는 부모들에게는 아이들에게 더 넓은 세상을 보여주고픈 열망이 담겨 있는 것 같습니다. 어떻게든 자녀가 원하는 인생을 살아갈 수 있도록 도와주고 싶어 합니다. 이런 부모들에게 추천해 줄 수 있는 여행지로는 어떤 곳이 있을까요?

투어 멘토 : 부모들이 ‘바라봄’의 법칙에 대해서 한번 생각해 봤으면 좋겠어요. 원하는 목표나 대상을 계속해서 바라보면 언젠가는 결국 얻게 된다는 법칙이죠. 이를 위해 쉬지 말고 끝까지 바라보는 것이 중요합니다. 학창 시절에 교과서에서 보았던 「큰 바위 얼굴」이라는 소설에 대해서 생각해 봅시다.

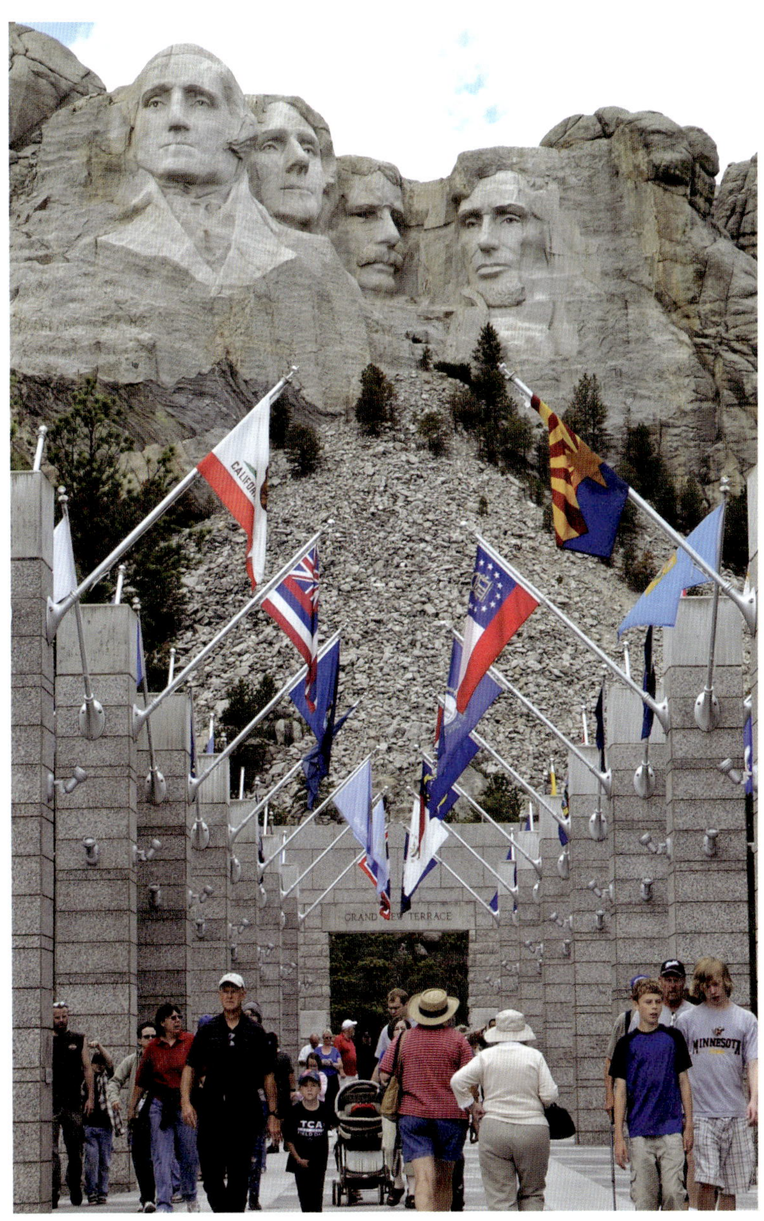

미국 역사상 가장 위대한 대통령 4인의 얼굴이 조각된 마운트 러시모어의 입구.

남북전쟁 직후 '어니스트'라는 소년은 어머니로부터 바위 언덕에 새겨진 큰 바위 얼굴을 닮은 아이가 태어나 훌륭한 인물이 될 것이라는 전설을 듣는다. 어니스트는 커서 그런 사람을 만나보았으면 하는 희망을 가슴에 품었고, 자신이 어떻게 살아야 큰 바위 얼굴처럼 될 수 있는지를 생각하면서 진실하고 겸손하게 살아간다.

세월이 흐르는 동안 돈 많은 부자, 싸움 잘하는 장군, 말을 잘하는 정치인, 글을 잘 쓰는 시인들을 만났으나 큰 바위 얼굴처럼 훌륭한 사람으로 보이지 않았다. 그러던 어느 날, 어니스트의 연설을 듣고 있던 시인이 어니스트가 바로 '큰 바위 얼굴'이라고 소리친다. 하지만 할 말을 다 마친 어니스트는 집으로 돌아가면서 자기보다 더 현명하고 나은 사람이 큰 바위 얼굴과 같은 용모를 가지고 나타나기를 마음속으로 간절히 바란다.

투어 멘토 : 위 이야기는 나다니엘 호손이 만년에 쓴 단편소설을 요약한 내용입니다. 작가는 이 소설에서 다양한 인간상을 보여주면서 위대한 인간의 가치를 깨닫게 해줍니다. 돈이나 명예, 권력 등의 세속적인 것에 있는 것이 아니라 끊임없는 자기 탐구를 거쳐 얻어진 말과 사상과 생활의 일치에 있다는 것을 보여줍니다. 무엇보다도 이 소설에 등장하는 큰 바위 얼굴을 실제로 볼 수 있는 여행지를 소개하고 싶군요.

투어 멘티 : 그곳이 어딘지 무척 궁금해지는군요.

투어 멘토 : 매년 전 세계에서 200만 명 이상의 방문객들이 한적한 시골 동네인 사우스다코다의 블랙힐스 산지로 몰려듭니다. 소설

미국 소설가 나다니엘 호손의 단편소설 「큰 바위 얼굴」을 연상케 하는 러시모어의 위용.
왼쪽부터 초대 대통령 워싱턴, 제퍼슨, 루즈벨트, 링컨 대통령의 얼굴이 거대한 암벽에 조각되어 있다.

속에 나오는 큰 바위 얼굴이 조각되어 있는 마운트 러시모어Mt. Rushmore를 보기 위해서죠. 이곳에는 미국 역사상 가장 위대한 대통령 4인의 얼굴이 조각된 거대한 암벽이 있습니다. 러시모어는 1776년 7월 4일 독립선언 이후 미국이 민주주의 강국으로 성장하는 데는 네 명의 대통령이 지대한 역할을 하였다고 평가하여 그들의 얼굴을 조각해 놓은 역사적인 성지입니다.

투어 멘티 : '러시모어' 라는 명칭은 어디서 유래했고, 얼굴이 새겨진 대통령은 누구인가요?

투어 멘토 : 1885년에 이 지역을 탐험한 뉴욕의 저명한 변호사 찰스 러시모어의 이름에서 유래했어요. 러시모어에는 조지워싱턴(1대), 토마스 제퍼슨(3대), 에이브러햄 링

러시모어 인근 박물관에는 제작 과정이 상세하게 소개되어 있다.

컨(16대), 시어도어 루스벨트(26대) 전 대통령의 얼굴상이 새겨져 있습니다. 오늘의 미국이 있기까지 훌륭한 업적을 쌓은 대통령이 많았지만, 이들 네 명만 선정되었지요. 네 명의 대통령은 각각 미국의 건국, 성장, 보존, 발전을 상징한다고 합니다. 건국의 아버지로 불리는 워싱턴은 독립전쟁을 이끈 미국의 초대 대통령이고, 독립선언서를 기초한 제퍼슨은 루이지애나의 광활한 영토를 프랑스로부터 사들임으로써 영토 확장과 함께 대륙 국가로서의 기틀을 마련한 주인공입니다. 그런가 하면 링컨은 남북전쟁을 통해 미합중국의 연방제를 공고히 했으며, 루스벨트는 파나마 운하 등을 건설하여 미국의 세력을 외부로 확장시키면서 미국을 세계의 중심 국가로 우뚝 서게 한 대통령으로 평가받고 있습니다. 경제 전문지 「포춘Fortune」이 선정한 '미국의 가장 위대한 100가지'에서 러시모어 산은 인터넷, 헌법, 야구에 이어 4위에 뽑힐 정도로 미국인들에게 큰 사랑을

받고 있습니다.

투어 멘티 : 큰 바위 얼굴의 실제 크기는 얼마나 될까요?

투어 멘토 : 블랙힐스 산지의 한 자락인 러시모어 산 정상에 조각된 대통령 얼굴상은 각각의 크기가 18미터(60피트)에 이릅니다. 코는 6미터(20피트), 눈은 3미터(10피트)나 됩니다. 루스벨트 상의 수염 길이는 6미터(20피트)이며, 눈동자 밑은 10명이나 앉을 정도로 큽니다. 다이너마이트로 폭파시켜 제거한 바위의 중량은 약 2억 톤에 달했다고 해요. 1927년에 첫 발파를 시작해 1941년에 완공하기까지 14년이나 걸린 대공사였습니다. 이 작업을 총지휘했던 미국 조각가 거츤 보글럼Gutzon Borglum은 "위대한 지도자들의 얼굴을 하늘 가까이 높이 새기자. 그 기록은 바람과 비만이 닳게 할 뿐, 영원할 것이다."라고 말했지요. 자금 조달이 힘들어 공사가 여러 차례 중단되기도 했으며, 1941년 3월에 보글럼이 죽자 그의 아들 링컨 보글럼이 같은 해 10월에 작업을 마무리하게 됩니다. 그런데 흥미로운 점은 네 명의 대통령 얼굴상 옆에 한 사람을 더 만들 수 있는 공간이 있다는 거예요. 언젠가는 본인의 얼굴이 그곳에 새겨지는 꿈을 미국의 대통령들에게 심어줌으로써 권력의 달콤함에 취하거나 무사안일에 빠지지 않게 해준다고 합니다.

투어 멘티 : 이곳 러시모어는 오랜 세월 이 땅의 주인이었던 인디언들이 '블랙 힐스Black Hills'라 부르며 신성하게 여겼던 성지로 알려져 있습니다. 이곳에는 인디언들의 최대 승리로 기록되어 있는 '리틀

빅혼 전투'를 이끌었던 '타슈카 위트코_{Thasuka Witko}'가 말을 타고 달리는 조각상이 50여 년에 걸쳐 제작되고 있는 것으로 압니다.

투어 멘토 : 미국의 '서부 개척사'를 뒤집으면 '인디언 멸망사'가 됩니다. 지금의 미국을 있게 만든 '프론티어 정신'은 백인 입장에서는 모험과 용기, 인내를 의미하는 진취적인 이념이지만, 인디언의 입장에서는 목숨과 삶의 터전을 앗아간 파괴적이고 탐욕스러운 이념입니다. 이를 가장 극명하게 보여주는 곳이 미국인들의 성지이면서 인디언의 성지인 러시모어입니다. 앞에서 말한 위대한 네 명의 대통령 조각상으로부터 불과 16마일(약 25킬로미터)쯤 떨어진 곳에 위대한 인디언 영웅 '크레이지 호스'의 조각상이 세워지고 있습니다. 인디언의 혼과 미국 역사의 자부심을 가슴에 심어 주는 동시에 미국 역사의 오만과 인종차별의 치부를 보여준다는 점에서 이곳은 역사적인 성지라고 할 수 있습니다.

투어 멘티 : 이 조각상의 이름을 '크레이지 호스_{Crazy Horse}' 라고 부르는 이유는 무엇인가요?

투어 멘토 : 미국 정부의 인디언 보호 구역 설정 및 강제 이주 정책에 맞서 조상의 신성한 땅을 지켜내고자 했던 위대한 인디언 전사 '타슈카 위트코'의 별칭입니다. 백인들이 이 지역에 들어설 즈음에 그가 태어났고, 용맹한 전사로 활동하면서 '크레이지 호스'라는 이름으로 불리었다고 합니다. 인디언들은 블랙힐스 산지를 세계의 중심지이자 신이 살고 있는 영산이 모여 있고, 전사들이 위대한 정

인디언 영웅으로 불리는 '타슈카 위트코'의 얼굴이 새겨진 '크레이지 호스'.

령과 만나는 성지로 여겼다고 합니다. 그러다 보니 영토 확장을 추구하는 백인들과 이를 막으려는 인디언 사이에 수많은 전투가 벌어지게 된 것이지요.

투어 멘티 : 타슈카 위트코가 인디언은 물론 백인들에게까지 그렇게 유명한 이유는 뭔가요?

투어 멘토 : 놀라운 전승 때문입니다. 타슈카 위트코, 즉 크레이지 호스는 세계 전쟁사의 한 페이지를 장식한 '리틀빅혼 전투'에서 남북전쟁 불패 신화의 주인공 조지 암스트롱 커스터가 이끄는 제7기병대를 전멸시켜 인디언의 영웅으로 떠오릅니다. 이에 놀란 미국 정부는 황급히 전략을 바꾸게 되지요. 백인들의 안전 문제를 해결하기 위해 1868년 블랙힐스 일대를 인디언들의 땅으로 인정하는 조약을 체결했어요. 인디언의 허락 없이는 백인의 출입을 금지할 것이니 서부로 가는 백인들의 안전을 보장해 달라는 내용입니다. 하

지만 블랙힐스 일대에서 금이 발견됐다는 소문이 돌면서 이 조약은 휴지조각처럼 버려졌고, 다시 치열한 전투가 벌어지게 됩니다. 타슈카 위트코는 블랙힐스를 지키기 위해 전쟁터에서 수많은 전투를 승리로 이끌었지만, 전투가 장기전이 될수록 인디언들은 뿔뿔이 흩어지게 됩니다. 결국 타슈카 위트코는 백인들로부터 부족민을 보호하기 위해 항복을 선택하고 맙니다. 항복 조건으로 부족민에게 안전한 거주지를 제공하겠다는 보장을 받았지만, 그 약속마저 지켜지지 않은 채 타슈카는 처형을 당하게 되지요.

투어 멘티 : 비극적인 내용이군요. 크레이지 호스의 규모는 얼마나 됩니까?

투어 멘토 : 타슈카 위트코 기마 조각상의 높이는 172미터(563피트)이고, 길이는 195미터(641피트)나 됩니다. 현재까지도 작업이 진행되고 있으며, 지난 1998년에 얼굴 부분이 완성되었어요. 말을 타고 달리는 모습의 이 조각상이 완성된다면 손가락 하나의 크기가 버스와 맞먹고, 높이는 자유의 여신상의 두 배에 달한다고 합니다. 빌딩으로 치자면 22층 높이라고 할 수 있습니다. 1948년에 착공하여 반세기가 넘었지만, 이제 겨우 얼굴만 완성된 것은 조각가 '코자크 지올코브스키'의 의지 때문입니다. 러시모어 대통령 얼굴상 작업에도 잠시 참여했던 그는 단돈 174달러를 가지고 무모하게 기마상을 만들기 시작했지

인디언의 성지였으나 지금은 미국 대통령 얼굴이 조각되어 있는 '러시모어 산'의 전경.

요. 인디언 탄압의 역사를 반성하겠다는 의미에서 재정 지원을 하겠다는 연방정부의 제안을 거절한 채 일반 시민들의 기부금과 입장료, 화강암 조각으로 만든 세공품 판매 수익만으로 경비를 충당했습니다. 인디언 영웅의 조각상을 미국 정부의 돈으로 만들 수 없다는 그의 신념 때문에, 완성되려면 앞으로도 100년 정도의 시간이 더 들어갈 것으로 예상됩니다. 1982년에 그가 죽자 유업을 이어받은 부인과 자녀, 손자들이 대를 이어 작업을 진행하고 있습니다.

투어 멘티 : 인디언들이 신성하게 여겼던 땅 블랙 힐스는 수많은 인디언들이 피를 흘린 곳인데요, 맞은편에는 미국 대통령들의 얼굴이 새겨진 것을 보니 아이러니하다는 생각이 듭니다.

투어 멘토 : 그렇습니다. 역사의 아이러니지요. 러시모어에는 인디언 한 사람의 목에 수백 달러의 포상금을 내걸었던 링컨의 얼굴이 조각됐고, 조각상을 설계하고 지휘한 조각가 거츤 보글럼은 공교롭게도 백인 우월주의 단체인 KKK단 출신입니다. 심지어 크레이지 호스(타슈카 위트코) 기념관 아래에 있는 마을 이름 '커스터'는 무차별적인 인디언 학살로 악명 높았던 장군의 이름을 따서 붙여졌죠. 그리고 오늘날 미국이 자랑하는 장거리 미사일 '토마호크'는 인디언들의 영웅 타슈카 위트코가 죽는 날까지 손에서 놓지 않았다는 손도끼의 이름입니다.

투어 멘티 : 바위에 새겨진 인물도 위대하지만, 대를 이어 조각으로 남기겠다는 조각가들의 의지와 신념도 대단한 것 같습니다.

 : 네. 미국 역사의 자부심과 인디언의 멸망사가 이질적으로 공존하는 곳이 바로 러시모어입니다. 이곳을 찾는 300여 만 명의 관광객들은 러시모어의 큰 바위 얼굴에서 바라봄의 힘을 체험하고, 크레이지 호스 앞에서는 굴하지 않는 용기와 신념을 배우고 돌아갑니다. 그리고 조각가들은 자신의 행동이 역사에 길이 남을 엄청난 유산을 만들고 있다는 강한 의지와 사명감으로 일하고 있습니다.

여행은 역사와의 만남이라

역사 여행은 과거를 보고 미래를 설계하는 것

여행은 역사와의 만남입니다. 우리는 여행을 통해서 고대 이집트의 투탕카멘을 만나고, 진시황을 만나고, 히타이트 문명과 아시리아의 역사를 알게 됩니다. 미국의 건국 역사와 프랑스 혁명의 진원지를 가볼 수도 있습니다. 우리는 역사를 배우면서 작게는 가정, 크게는 국가의 미래까지 예측해 볼 수 있게 됩니다. 우리는 역사 여행을 통해서 교훈을 얻고, 미래를 설계할 수 있는 힘을 얻을 수 있습니다.

미국의 과거와 현재, 미래를 보다

_ 미국의 대통령 기념관(레이건, 닉슨, 링컨)

투어 멘티 : 미국 역사는 2세기 남짓으로 유럽 국가들에 비해 매우 짧습니다. 그런데도 초강대국으로서 세계의 정치, 경제, 문화 등에 막강한 영향력을 미치고 있습니다. 한국에서 미국을 찾는 분들 중에는 그 이유를 알고 싶어 하는 분들이 많습니다. 어디를 가면 이런 궁금증을 풀 수 있을까요?

투어 멘토 : 미국에서는 '대통령의 날'을 지정해서 기념하고 있어요. '프레지던트 데이President's Day'라고 해서 국경일로 지정되어 있죠. 초대 대통령 조지 워싱턴의 생일인 2월 22일을 기념하는 공휴일로, 1971년부터 2월 셋째 주 월요일로 고정시켰지요. 2월 22일은 미국인이 가장 좋아하는 대통령인 링컨 대통령의 생일이기도 합니

다. 짧은 역사 속에서 성장한 탓인지 미국인들은 미국의 역사를 계승하려는 노력이 대단합니다. 그 중심에는 대통령 도서관이 자리 잡고 있습니다. 박물관 성격을 띤 기념 도서관인데요, 이곳에 가보면 부모들의 손을 잡고 온 아이들, 현장 학습으로 방문한 학생들로 가득 차 있습니다. 특이한 점은 실패한 역사도 보존한다는 점입니다. 도청 파문으로 불명예 사임한 닉슨 대통령의 기념 도서관은 미국 역대 대통령 기념관 중에서도 가장 많은 인파가 몰립니다.

투어 멘티 : 역대 대통령을 비롯한 민족 지도자들의 기념관이 부족한 우리나라와는 무척 다른 것 같습니다.

투어 멘토 : 그래서 한국을 생각하면 안타까움이 있습니다. 한국에는 대통령 기념관을 짓는다고 하면 '왜 짓느냐'며 정치권과 지역에서 반대 논쟁으로 시끄럽습니다. 역사를 보존하려는 노력이 참 부족한 것 같습니다. 특히 실패한 역사에 대해서는 더욱 그렇습니다. 기록 문화의 힘을 소중히 여기고, 역사의 실패에서 교훈을 얻으려는 미국인들의 노력이 초강대국의 지위를 유지해 가는 원동력이 아닐까요? 미국의 대통령 기념 도서관에는 대통령의 발자취와 역사를 더듬어 볼 수 있는 수많은 자료들이 잘 정리되어 있고, 시즌마다 각종 이벤트가 열리기 때문에 살아있는 교육장으로 불리고 있습니다.

● **레이건 기념 도서관**Reagan Library and Museum _ LA에서 북쪽으로 차를 타고 1시간 거리인 시미 밸리에 자리 잡고 있다. 이곳에는 레이

냉전 붕괴 이후 초강대국으로 부상한 레이건 대통령의 업적을 기리기 위해 그가 해외 순방 때 타고 다녔던 '에어포스 원' 비행기를 기념 도서관 내에 전시해 놓았다.

건 대통령 부부와 관련된 5천만 페이지의 문서, 150만 장의 사진, 수많은 영상 자료들이 소장되어 있는 도서관이자 미국의 40대 대통령으로서, 그리고 한 인간으로서 레이건의 삶을 조명해볼 수 있는 기념관이다. 가난한 술주정뱅이의 아들로 태어나 평범한 대학을 졸업한 B급 배우가 대통령에 당선되고, 말년에는 알츠하이머병으로 고생하기까지 극적 반전의 연속이었던 그의 일생을 한눈에 돌아볼 수 있다. 당당한 풍채, 뚜렷한 이목구비로 1937년부터 배우 생활을 시작했지만, 그는 늘 조연 신세를 면치 못했다. 이곳에는 20년 동안 무려 50편이 넘는 영화에 등장했던 레이건의 모습을 직접 확인할 수 있는 영상물들이 전시되어 있다. 그가 자신의 이상을 제대로 펼칠 무대가 은막보다 훨씬 넓었음이 훗날 증명된 셈이다. 1966년에 캘리포니아 주지사로 당선된 이후 한 발짝씩 백악관으로 전진해 나가는 그의 발자취를 지켜보는 건 웬만한 정치 드라마보다 더 흥미진진하다.

전시실에는 재임 당시의 대통령 집무실을 실물 크기로 고스란히 옮겨 놓았다. '백악관의 만찬'이라는 전시 공간에서는 100명의 준비위원이 8주간 준비한 백악관 만찬 세팅 과정을 영상물로 볼 수 있다. 세계 각국의 지도자들이 보내 온 선물, 스포츠팬이었던 그를 위해 미국인들이 보낸 스포츠 관련 선물, 그 외의 크고 작은 마음의 선물들을 지켜보며 그를 향한 미국인들의 사랑이 얼마나 컸었는지를 확인할 수 있다. 그가 재임 시절에 사용했던 '하늘을 나는 백악관'으로 불리던 대통령 전용기 '에어포스 원'도 빠뜨릴 수 없는 볼거리다.

영부인의 삶을 조명해 보는 전시실에는 낸시 여사가 백악관 시절에 입었던 옷들이 전시되어 있다. 일명 '백악관의 옷장'이라 불리는 곳에는 유난히 여성들의 발길이 잦다. 1952년에 결혼해 50년이 넘는 세월을 레이건과 함께 했던 낸시 여사. 남편이 그녀에게 가져다 준 퍼스트레이디로서의 삶은 스크린에서보다 훨씬 더 화려하고 의미가 깊다.

* 주소 : 40 Presidential Dr. Simi Valley, CA 93065

* 문의 : (800)410-8354

* 홈페이지 : www.reaganlibrary.net

● **닉슨 기념 도서관**Nixon Library and Museum _ 빛과 그림자의 두 얼굴을 가진 지도자로 묘사되곤 하는 닉슨 대통령. 그는 중국과의 핑퐁외교 등을 통해 뛰어난 외교력을 과시하며 미국인들에게 '밝은 빛'을 보여주었지만, 워터게이트 사건으로 '어두운 그림자'를 드리우기도 했다. 그의 생가와 기념 도서관은 애너하임 디즈니랜드 근처의 요바 린다에 있다. 3만6천 평방미터(9에이커)의 드넓은 부지에 들어선 건물에는 22개의 갤러리와 영화관, 영부인의 정원, 닉슨 여사 기념관 등이 있으며, 중

앙에는 닉슨이 1913년에 태어났던 생가가 자리 잡고 있다. 불명예 사임한 이력에도 불구하고 미국 전역에서 가장 많은 관람객들이 찾는 대통령 기념관으로 잘 알려져 있다. 2013년에는 탄생 100주년을 맞아 닉슨의 업적을 재조명하는 다채로운 행사가 열렸다.

* 주소 : 18001 Yorba Linda, Yorba Linda, CA 92886
* 홈페이지 : www.nixonlibraryfoundation.org

● **링컨 기념관**Lincoln Memorial Shrine _ 링컨 기념관은 미국 역사상 가장 위대한 대통령 중의 한 사람으로 꼽히는 16대 대통령 에이브라함 링컨의 발자취를 살펴볼 수 있는 곳이다. 웅장한 기념관은 링컨 대통령의 연설 내용들을 조각한 석회암 건물로 이루어져 있다. 입구 쪽에는 링컨의 대형 두상과 함께 그의 일생을 돌아볼 수 있는 벽화가 그려져 있다. 실내에는 링컨 대통령이 사용했던 커프링크와 직접 썼던 편지들, 그가 직접 서명한 20여 편의 문서 등 귀한 자료들이 전시되어 있고, 링컨의 얼굴이 새겨져 있는 주화 페니를 만드는 과정도 살펴보도록 되어 있다. 링컨의 아내인 메리 토드 링컨의 사적인 편지와 그녀가 입었던 드레스를 장식했던 레이스도 전시되어 있다. 군인들의 만화책, 카드, 군용 음식, 의복, 편지, 의료품, 신문, 지도, 동전, 사진 등이 전시된 시민전쟁 컬렉션을 살펴보고 있자면 당시로 시간 여행을 떠나온 듯한 감흥을 갖게 된다. 현재 웨스트 윙에서는 '피할 수 없는 역사We Cannot Escape History'라는 주제의 전시가 계속되고 있다.

* 주소 : 125 W Vine St. Redlands, CA 92373
* 문의 : (909)798-7632
* 홈페이지 : www.lincolnshrine.org

미국에서 가장 위대한 대통령으로 불리는 에이브라함 링컨의 기념관. 그가 쓴 자필 편지와 서명 문서 등 당시의 시대상을 담은 소장품들이 전시되어 있다.

 : 한국의 정치권을 보면 너무 진지하다 못해 살벌할 정도입니다. 가끔 위대한 소통자라고 불리는 레이건 대통령의 유머 스타일을 한국 정치가들도 배웠으면 합니다. 그런 의미에서 레이건 대통령에 얽힌 유머 몇 가지를 소개하겠습니다.

레이건은 1981년에 70세의 나이로 미국의 40대 대통령에 당선됐다. 그리고 1984년 73세의 나이로 재선에 도전해 월터 먼데일 후보(당시 56세)와 TV 토론에서 만났다.

먼데일 후보가 공세를 취했다.

"당신의 나이에 대해 어떻게 생각하십니까?"

레이건이 답했다.

"나는 이번 선거에서 나이를 문제 삼을 생각은 없습니다."

먼데일이 재차 물었다.

"그게 무슨 뜻입니까?"

레이건이 먼데일을 쳐다보며 말했다.

"당신이 너무 젊고 경험이 없다는 사실을 정치적 목적으로 이용하지 않겠다는 뜻입니다."

청중들이 폭소를 터트리자 먼데일도 함께 웃을 수밖에 없었다. 레이건의 고령을 걸고넘어지려다 자신의 경험 부족을 드러내고 말았기 때문이다. 만약 레이건이 정색을 하고 '왜 나이를 따지느냐? 나는 건강하다.'라는 식으로 응수했다면, 먼데일은 더 파고들 여지를 포착했을지 모른다.

'위대한 소통자'로 불리는 레이건 대통령 기념관에는 그의 유머를 배우려는 관람객들의 방문이 끊이지 않는다.

대통령 레이건이 기자들의 고약한 질문에 시달리다 "개××(son of bitch, S.O.B.)!"라는 말을 입에 담았다. 며칠 뒤 기자들이 'S.O.B.'라는 글자를 새긴 티셔츠를 레이건에게 선물했다. '개××' 발언의 복수를 당한 레이건은 이렇게 말했다.

"기자 여러분은 모두 애국자입니다. '예산을 절약(Saving Of Budget · SOB)하라는 뜻이지요. 여러분의 충고를 잘 새기겠습니다."

해피엔딩이었다. 모욕을 참지 못하겠다며 권력과 권위로 기자들을 누르려 했다면, 대통령과 언론의 불화만 커졌을 것이다.

어느 날, 레이건은 연설을 시작했다.

"나에게는 대통령이 될 만한 아홉 가지 재능이 있습니다. 첫째, 한 번 들은 것은 절대 잊어버리지 않는 탁월한 기억력! 둘째는, 에 또 …… 그게 뭐더라? ……"

청중은 박장대소하며 그의 연설을 받아들일 마음의 문을 열었다.

1981년 3월, 정신병자 존 힝클리가 노동계 지도자들과 오찬을 하던 레이건을 향해 총을 쐈다. 총알이 심장에서 12센티미터 떨어진 대통령의 허파를 관통했다. 의식이 깨어난 후 그가 낸시 여사에게 건넨 첫마디는 "여보, 난 고개 숙이는 것을 잊었을 뿐이야!"라는 말이었다. 그리고 수술실에 들어갈 때는 의료진을 향해 이렇게 말했다.

"당신들 모두가 훌륭한 공화당원이라는 것을 나에게 확신시켜 주시오!"

비상 상황으로 불안에 떨던 미국인들은 레이건의 유머를 듣고 마음을 놓았다고 한다.

총격 사건 이후 레이건은 국민들의 관심을 얻어 지지율이 83%까지 상승했다. 하지만 다음해인 1982년에 지지율이 32%까지 떨어지자 레이건의 보좌관들은 대책 마련에 부산을 떨었다. 이때 회의에 참석한 레이건은 이렇게 말했다.

"걱정하지 말게나. 그까짓 지지율 다시 한 번 총 맞으면 될 것 아닌가?"

투어 멘토 : 미국인들이 레이건 전 대통령을 '위대한 커뮤니케이터'로 부르는 이유가 바로 여기에 있습니다.

캘리포니아에서 신의 물방울을 맛보다

_ 나파 밸리 · 소노마, 산타바버라, 테메큘라 와이너리

투어 멘티 : 한국에도 와인이 널리 보급되면서 전문가 수준으로 와인을 즐기는 분들이 많습니다. 이들 가운데는 해외 와이너리 (Winery : 포도주를 만드는 양조장)에 가서 직접 경험하고 싶어 하는 분들이 점차 늘어나고 있습니다.

투어 멘토 : 와인은 이제 더 이상 특별한 날에 특별한 사람들이 마시는 술이 아닙니다. 최근 '웰빙'이라는 트렌드와 맞물려 일상에서도 자주 접하게 된 와인은 하나의 문화를 이룰 정도로 인기를 얻고 있습니다. 영화 「사이드웨이」의 주인공 잭처럼 와인을 포도주로 담근 술이라고 생각하는 와인 문외한이라고 해도 와인을 마시는 방법을 알고 있다면 언제, 어느 상황에서 와인을 접하더라도 주눅 들

지 않고 즐겁게 마실 수 있지요. 특히 와이너리에 가게 되면 와인의 숙성 절차에 대해서도 알 수 있습니다.

투어 멘티 : 전 세계 와인 시장에서 강세를 보이고 있는 캘리포니아 와이너리에 대해 소개해 주세요.

투어 멘토 : 가까이 지내는 와인 소믈리에가 이런 말을 하더군요. "캘리포니아 와이너리 투어는 어른을 위한 디즈니랜드라고 할 수 있어요." 다소 생소한 표현이긴 하지만 매우 적절한 비유라고 생각했어요. 미국에서 생산되는 와인의 대부분은 캘리포니아산이죠. 세계적으로 매우 우수한 품질을 자랑할 뿐만 아니라, 캘리포니아의 크고 작은 와이너리들은 방문객을 흠뻑 취하게 만드는 마법 같은 매력을 가지고 있어요. 마치 아이들을 위한 디즈니랜드처럼 말이죠. 와이너리는 여행자를 취하게 만드는 세 가지 마력이 있어요. 첫째는 아름다운 정원과 상큼한 향 가득한 오크통 숙성 창고의 분위기가 여행자를 취하게 만듭니다. 둘째로, 눈부신 캘리포니아의 강렬한 태양이 잘게 부서지는 포도밭은 여행자가 더할 나위 없는 평안함에 빠져들도록 만듭니다. 마지막 세 번째는 갖가지 포도 품종으로 빚은 다양한 와인의 향과 맛에 취하게 된다는 겁니다.

투어 멘티 : 와이너리 여행은 방문 시기가 중요할 것 같은데, 언제가 가장 좋을까요?

투어 멘토 : 와인 마니아부터 일반인까지 와인을 접해 본 사람들이라면 캘리포니아 와이너리에 관심이 많을 텐데요. 아무래도 햇포

캘리포니아 와인은 천혜의 기후와 기름진 토양 덕분에 짧은 역사에도 불구하고 세계적으로 인정받는
와인이 되었다. 방문객들이 오크통에서 숙성시키고 있는 와이너리 저장소를 방문해 설명을 듣고 있다.

도가 수확되는 가을이 가장 좋은 시기가 아닐까 합니다. 하지만 방문 시기가 정해져 있지는 않아요. 와이너리마다 연중 방문할 수 있도록 다양한 관광 테마를 모아 놓은 여행 공간까지 마련되어 있으니까요. 방문객들은 영화, 놀이공원, 공연, 친환경 등 저마다 다양한 테마를 자랑하는 와이너리를 취향에 따라 골라 방문하면서 추억을 만들 수 있는 곳이 바로 캘리포니아입니다. 마법 같은 매력이 가득한 와이너리를 찾아서 달콤 쌉싸름한 와인 여행을 떠나보는 건 어떨까요?

캘리포니아 와인은?

캘리포니아 와인의 역사는 약 200년 전 프란체스카 수도원의 주니페로 세라 신부가 수도원을 세우고 최초의 포도밭을 일구면서 시작됐다고 한다. 이후 샌디에이고에서 소노마까지 21개의 수도원이 세워졌고, 수도원에서 사용하기 위해 만들

캘리포니아 와이너리에서 생산되는 다양한 와인 브랜드들. 몬다비, 진판델 등 이곳에서 생산된 와인은 세계적인 명성을 얻고 있다.

어진 와인이 캘리포니아 와인의 시초가 되었다고 한다. 금광이 발견되면서 인구가 폭발적으로 증가하고, 금광이 없는 곳에서는 포도밭을 일구기 시작하여 와인 산업의 기반이 형성되었다.

그러나 1919년에는 금주법시행, 1920년에는 포도나무의 뿌리를 공격하는 필록세라 발생, 1929년의 경제 대공황 등으로 발전하지 못하다가 1960년대부터 꾸준히 회복되었다. 1976년, 미국 독립선언 200주년을 기념해 파리에서 열린 프랑스-미국 와인 비교 시음회에서 예상과 달리 모든 부문에서 캘리포니아 와인이 1위를 차지하면서부터 무섭게 성장하기 시작했다. 숙성이 안 된 어린 와인을 대상으로 했기 때문에 제대로 평가되지 못했다는 프랑스 측의 주장으로 30년 후인 2006년에 숙성 과정을 거친 와인으로 또 다시 경합이 벌어졌지만, 결과는 여전히 캘리포니아 와인의 완승이었다.

캘리포니아 와인은 태평양 연안과 중앙 계곡 사이에서 생산된다. 서부 해안의 지형적 특성으로 만들어진 냉기와 적당량의 안개가 기온과 일조량을 조절하는 역할을 하고, 이글거리는 태양의 풍부한 일조량과 화산재로 이뤄진 기름진 토양은 최상의 와인을 키워낸다. 또한 봄철에는 서리가 내리고, 2월에서 10월까지는 비가 거의 오지 않는 기상의 불리함을 과학기술로 극복함으로써 버려졌던 '불모의 땅'은 세계 최고 수준의 와인을 생산하는 '황금의 땅'으로 바뀌었다.

캘리포니아 와인 생산 지역

캘리포니아 와인 생산 지역은 캘리포니아 북부 해안, 중부 해안, 남부 지역, 시에라네바다 지역, 중앙 분지 등 5개 지역으로 나뉜다.

1. 캘리포니아 북부 해안 지역 : 험한 해안선과 힘찬 파도, 우뚝 솟은 삼나무 숲과 힘차게 흐르는 강물, 초목으로 뒤덮인 언덕으로 둘러싸인 와이너리의 땅이다. 캘리포니아 와인을 대표하는 지역으로 나파밸리, 소노마 등이 이 지역에 있으며, 샌프란시스코 북쪽에 위치한다.

● **나파 카운티**Napa County _ 나파는 와포 인디언어로 '풍부한 땅'이라는 의미다. 1838년에 조지 연트 같은 초기 탐험가들이 나파에 포도를 재배했고. 찰스 크러그가 1861년에 와인 양조장을 세워 처음으로 시판했다. 1966년에 로버트 몬다비 와인 양조장이 개장되면서 나파 밸리에 와인 붐을 일으켰다.

* 규모 : 재배 면적은 18,600헥타르, 와인 양조장은 373개

캘리포니아 와인은 저렴하고 맛이 있어 선물용으로 좋다.

* 홈페이지 : 나파 밸리 와인 양조업자 연합(www.napavintners.com)

● **소노마 카운티**Sonoma County _ 1812년에 러시아 식민지 개척자가 로스 요새에서 처음으로 포도를 재배했다. 1857년에 캘리포니아 와인 사업의 대부로 불리는 헝가리의 아고스톤 하라스티 공작이 이 지역 와이너리를 사들이면서 산업화 되었다.
* 규모 : 재배 면적은 20,000헥타르, 와인 양조장은 260개
* 홈페이지 : 소노마 카운티 와인 양조장 연합(www.sonomawine.com)

2. 캘리포니아 중부 해안 지역 : 샌프란시스코에서 뻗어 나와 몬테레이를 지나 산타 바버라까지 이어지는 지역이다. 다수의 와이너리가 분지 속에 자리 잡고 있어서 찾아가는 길이 매우 인상적이다.

● **산타크루즈 산맥**Santa Cruz Mountains _ 실리콘 밸리 남쪽에 자리한 이 지역은 태평양을 바라보는 서쪽이 피노누아 종의 재배에 적합한 환경이고, 동쪽은 카베르네 쇼비뇽 종 재배에 적합한 최적의 환경으로 손꼽힌다.

* 규모 : 재배 면적은 15,000헥타르, 와인 양조장은 60개
* 홈페이지 : 산타크루즈 산맥 와인 재배자 연합(www.scmwa.com)

● **파소 로블레스**Paso Robles _ 1797년에 첫 와이너리가 생겼으며, 이 지역의 80%에서 진판델, 카베르네 쇼비뇽 등의 레드와인용 품종을 재배하고 있다.

* 규모 : 재배 면적은 8,000헥타르, 와인 양조장은 80개
* 홈페이지 : 파소 로블레스 와인 양조업자 & 재배자 연합
  (www.pasowine.com)

● **샌 루이스 오비스포 카운티**San Luis Obispo County _ 해안 안개와 바닷바람이 분지의 따뜻한 낮 공기를 식혀 주고, 흙에 포함된 바다의 침전물이 풍부한 양분을 제공하여 품질 좋은 포도가 생산된다.

* 규모 : 재배 면적은 1,500헥타르(파소 로블레스 제외), 와인 양조장은 25개
* 홈페이지 : 샌 루이스 오비스포 와인 양조업자 & 재배자 연합
  (www.slowine.com)

3. 캘리포니아 남부 지역 : 로스앤젤레스 남쪽부터 샌디에이고까지 뻗어 있는 이 지역에서는 소수의 사람들만 와인을 생산하지만, 생산품은 중부와 북부에 비해 그 명성이 낮지 않다.

● **테메큘라**Temecula _ 인디언어로 '햇빛이 안개를 뚫고 나는 곳'이라
는 뜻이며, 이 지역에는 아직도 초기 수도원 창설자들의 흔적이 남아
있어 여행지로도 인기가 높다.

* 규모 : 재배 면적은 800헥타르, 와인 양조장은 20개

* 홈페이지 : 테메큘라 밸리 와인 재배자 연합(www.temeculawines.org)

4. 시에라네바다 지역 : 1849년에 시작된 골드러시의 고향이다. 금을
찾아온 사람들의 역사적인 현장으로, 야외 활동이 가능한 곳이다. 칼라
베라스와 엘도라도 카운티에 와인 양조장들이 모여 있다. 고급 진판델
과 쇼비뇽 블랑이 생산된다.

* 규모 : 재배 면적은 2,500헥타르, 와인 양조장은 70개

* 홈페이지 : 엘도라도 와인 양조장 연합(www.amadorwine.com), 칼라베라
　스 와인 연합(www.calaveraswines.org)

5. 중앙 분지 : 해안의 작은 언덕들과 시에라네바다 산맥의 왼쪽 경
사지 사이에 위치한 지역으로, 이곳은 캘리포니아 농업의 중심부이다.
와인용 포도는 로디와 산 호아킨 밸리에서 재배된다. 이 지역 생산량은
캘리포니아 와인 생산량의 50%를 넘어선다.

* 규모 : 로디는 31,000헥타르, 산 호아킨 밸리는 80,000헥타르, 와인 양
　조장은 50개

* 홈페이지 : 로디 우드브릿지 와인포도위원회(www.lodiwine.com)

투어 멘티 : 캘리포니아에서 생산되는 와인의 주요 품종에 대해
간단하게 설명해 주시죠.

투어 멘토 : 크게 레드와인과 화이트 와인으로 나뉩니다. 레드 와인의 왕으로 불리는 카베르네 소비뇽Cabernet Sauvignon은 향기롭고 맛이 좋아 레스토랑에서 인기가 높습니다. 피노 느와Pinot Noir는 딸기나 제비꽃 향기를 가진 경쾌하고 우아한 와인이지요. 멀롯Merlot은 카베르네보다 떫은맛이 적고 단맛이 강해 미국에서 인기가 급상승하고 있어요. 최근에는 떫은맛을 낮춘 캘리포니아 특유의 품종인 진판델Zinfandel을 찾는 사람들도 많습니다. 화이트 와인은 여왕격인 샤르도네Chardonnay와 신선한 과일 향을 지닌 소비뇽 블랑Sauvignon Blanc이 있습니다.

여행은 운동이라

보고, 듣고, 즐기기 위해 걷는 것

여행은 운동입니다. 왜냐고요? 여행은 가만히 앉아서 경치만 바라보는 것이 아닙니다. 이곳 저곳을 둘러봐야 하니까 눈 운동, 투어 가이드의 말을 잘 들어야 하니까 귀 운동, 수시로 걸어 다녀야 하니까 다리 운동, 심지어 웃는 것, 버스 타는 것도 모두 운동이 됩니다. 그렇기 때문에 여행을 가면 자동적으로 운동을 하게 됩니다. 여행을 많이 다니는 사람치고 부실한 사람은 없습니다. 여행을 하면 건강에 좋고, 면역력이 강화된다고 자신 있게 말할 수 있습니다. 몸과 마음이 건강한 사람은 매사에 긍정적이고 사교적이어서 인간관계도 좋아집니다. 다. 이것이 바로 여행이 주는 유익함입니다.

미국의 3대 프로 스포츠를 보다

_ 메이저리그, NBA, 풋볼, 아이스하키

투어 멘티 : 2012년 말 류현진 선수가 LA다저스와 계약을 맺었다는 소식이 전해지자 로스앤젤레스 한인 사회는 한동안 들썩거렸습니다. "류현진 투수가 던지는 경기를 보러 갑시다!" "추신수 선수가 홈런 치는 경기를 보러 갑시다!" 이런 말들이 쏟아져 나왔습니다. 한국 언론에서도 류현진 선수와 에이전트 스캇 보라스가 막판까지 계약이 성사되는지 여부를 놓고 속보 경쟁을 펼치기도 했습니다. 요즘 젊은 세대들은 새벽까지 유럽 축구나 메이저리그 야구, NBA 농구 경기를 보느라 잠을 설치기 일쑤라고 합니다. 미국으로 스포츠 관광을 오는 사람들도 늘어날 것 같습니다. 어떻게 생각하시는지요?

투어 멘토 : 앞으로 점점 더 많아질 것으로 생각합니다. 스포츠에

열광하는 자녀를 둔 부모라면 아무 때나 여행을 오기보다는 여행 시기를 LA다저스 야구 경기나 LA레이커스 경기 일정에 맞춰 미국을 와 보는 것은 어떨까요? 아마 스포츠를 좋아하는 자녀에게 평생 잊지 못할 선물이 될 것입니다. 요즘은 인터넷으로 경기 티켓을 예매할 수 있기 때문에, 미리 준비하면 미국에 와서 흥미진진한 게임을 직접 볼 수 있습니다. 미국 서부 지역은 LA는 물론 샌프란시스코, 샌디에이고, 시애틀, 오클랜드 등 대도시를 연고지로 하는 프로 스포츠 구단이 많습니다. 그래서 야구와 축구, 풋볼, 테니스, 아이스하키 등 다양한 경기를 관람할 수 있어요. 만약 자녀가 농구팬이라면 마이클 조던 이후 최고의 선수로 인정받는 코비 브라이언트의 경기를 LA 컨벤션 센터에서 직접 볼 수 있다면, 이보다 더 감동적인 순간은 없겠지요.

투어 멘티 : 일 년 내내 스포츠 경기를 관전할 수 있는 곳이 미국 서부가 아닐까요? 4~9월에는 메이저리그MLB, 10월부터 다음 해 4월까지는 아이스하키NHL와 농구NBA를 볼 수 있으니까요. 어떤 매력이 있는지 종목과 관람 방법을 설명해 주시죠.

투어 멘토 : 일단 메이저리그 야구부터 시작해 볼게요. 스포츠 스타플레이어들이 펼치는 스피드와 박진감 넘치는 플레이, 그리고 경기를 열정적으로 즐기는 관중들이 하나가 되어 있는 모습은 경기장에 들어가서 직접 보지 않고는 느낄 수 없습니다. 로스앤젤레스에서는 내셔널리그의 LA다저스와 아메리칸리그의 LA엔젤스 오브 애

너하임의 경기를 관전할 수 있습니다. 주요 메이저리그 구단을 소개하면 다음과 같습니다.

메이저리그 야구MLB 서부 지구

• LA다저스Los Angeles Dodgers _ 1890년 뉴욕에서 시작하여 1958년에 홈구장을 로스앤젤레스로 옮겼으며, 최초의 흑인 메이저리그 선수인 재키 로빈슨을 입단시킨 것으로 유명한 명문 구단이다. 한국 선수와도 인연이 깊어 1994년에 박찬호 선수가 한국 역사상 첫 메이저리그 선수로 입성한 구단이다. 이후 서재응, 최희섭 선수가 입단하여 한국인들에게 친숙한 팀이기도 하다. 2008년, 2009년 정규 시즌 2년 연속 내셔널리그 서부지구 챔피언 자리를 거머쥐었다. 최근에는 한국 프로야구의 간판스타인 류현진 선수가 합류하면서 한국인들의 주목을 받고 있다. 홈구장인 다저 스타디움은 1962년에 개장하였으며, 다저 핫도그Dodger dogs가 명물이다.

• LA엔젤스 오브 애너하임Los Angeles of Anaheim _ 1961년 MLB 아메리칸리그가 확장되면서 로스앤젤레스 엔젤스가 탄생했다. 2002년 구단 사상 첫 월드시리즈 우승, 2004년과 2005년에 지구 우승을 차지하며 아메리칸 서부 지구의 강호로 떠올랐다. 2009년 월드베이스볼클래식WBC에서 이종범 선수가 끝내기 2루타로 일본 대표팀을 침몰시킨 곳이기도 하다. 홈구장은 디즈니랜드가 있는 애너하임 다운타운에서 차로 5분 거리에 있어 교통이 편리하다. 엔젤스가 홈런을 치면 왼쪽 스탠드에서 불꽃이 올라가고, 위기에 몰리면 '랠리 몽키'라 불리는 원숭이가 스코어보드 화면에 등장하는 것으로 유명하다.

월드 베이스볼 클래식(WBC) 한 · 일 결승전이 열려 한국인에게도 친숙한 LA다저스 홈구장.
'다저 핫도그'가 명물이다.

● **샌프란시스코 자이언츠**San Francisco Giants _ MLB 내셔널리그 서북지구에 속해 있는 팀이다. 홈구장은 'AT&T파크'라 불리는 볼파크이다. 천연 잔디와 복고적인 분위기의 벽돌 건물이 특징이다. 1루 스탠드 너머로 바다가 보인다. 바다로 넘기는 홈런을 '스플래시 히트'라 부르며, 보트를 타고 공이 넘어오기를 기다리는 팬도 있다. 전체 길이가 26미터나 되는 거대한 코카콜라 병 안은 미끄럼틀로, 홈런을 치면 병에 불이 들어오고 소리가 울려 퍼진다.

● **오클랜드 애슬레틱스**Oakland Athletics _ 통칭 '에이스(A's)'는 MLB 아메리칸리그 서부 지구에 속해 있는 팀이다. 홈구장은 오클랜드에 있는 오클랜드 알라메다 카운티 콜리시엄이다. 1893년에 창단하여 1931년까지 아메리칸리그에서 9회 우승하였고, 월드 챔피언을 5회나 차지했던 팀이다.

• **샌디에이고 파드레스**San Diego Padres _ 내셔널리그 소속으로 1969년에 창단하였다. 연고지는 샌디에이고이며, 1969년 아메리칸리그와 내셔널리그가 동부 지구와 서부 지구로 분리될 때 내셔널 리그 서부 지구에 마지막으로 편입되었다. 파드리스Padres는 가톨릭의 '신부'를 뜻하는데, 미국에서 스페인 성당이 처음으로 세워진 샌디에이고에서 유래되었다. 2002년까지 월드시리즈 우승 경력은 없고, 내셔널 리그에서 2회, 서부 지구에서 3회 우승했다.

• **시애틀 매리너스**Seattle Mariners _ 아메리칸 리그에 소속된 팀으로, 과거 10년 동안 지구 우승을 3회나 달성했지만 2004~2006년까지 3년 연속 지구 최하위를 기록했다. 새로운 전력 보강으로 분위기를 쇄신하여 지구 우승을 노리고 있다.

메이저리그 농구NBA

미국 NBA의 전설 마이클 조던에 버금간다는 코비 브라이언트 선수가 펼치는 경기를 볼 수 있다. NBA는 엄청난 인기를 자랑하는 농구 프로 리그로, 힘과 스피드가 넘치는 NBA의 짜릿한 순간을 직접 확인할 수 있다. 현재 미국과 캐나다에 30개 팀이 있으며, 동부와 서부 컨퍼런스(리그)로 나뉘어져 있다. 공식 경기는 11월부터 이듬해 4월까지 열린다. 그 후 각 컨퍼런스의 플레이오프를 거쳐 우승팀 2팀이 NBA 파이널에 진출한다. LA에는 LA레이커스와 LA클리퍼스가 있다.

• **LA레이커스**LA Lakes _ LA레이커스는 우승 14회, 파이널 진출 28회를 자랑하는 NBA의 명문팀이자 1980년대 매직 존슨과 카림 압둘자

힘과 스피드가 넘치는 미국 프로농구(NBA)는
한국 팬들에도 큰 인기를 누리고 있다.

JORDAN
6
ROCKETS
3

미국에서 가장 인기 있는 스포츠는 미식축구다. 화끈한 공격과 저돌적인 수비, 다양한 전략이 인기를 얻고 있는 비결이다.

바가 콤비 플레이로 5회나 NBA 챔피언을 달성한 것은 지금도 전설로 남아 있다. 지금은 코비 브라이언트가 맹활약을 펼치고 있다. 코비는 1996년에 입단한 이래 줄곧 레이커스에 머물면서 뛰어난 경기 조절 능력과 발군의 득점력으로 팀을 이끌고 있다.

● LA클리퍼스LA Clippers _ 명문 레이커스와 마찬가지로 LA 스테이플스 센터에 본거지를 두고 있는 팀이다. 우승과 파이널 진출 경험이 전혀 없는 팀이지만 2005~2006년 시즌에 크게 성장했다. 1997년 이후 오랜만에 플레이오프에 진출해서 선전했다.

미식축구

　미국에서 가장 인기 있는 스포츠이다. '미식축구' 또는 '풋볼'이라고 부른다. AFC(아메리칸 풋볼 컨퍼런스)와 NFC(내셔널 풋볼 컨퍼런스)가 각각 리그전을 하며, 각 리그의 승자들이 펼치는 경기가 매년 1월에 펼쳐지는 슈퍼보울이다. 시즌은 9~12월이다.

　● 샌프란시스코 포티나이너스San Francisco 49ers _ 샌프란시스코를 연고지로 하며, 골드러시가 시작된 1849년이 팀명인 '49er'의 유래다. 1950년 NFL에 가입했으며, 1981년에 최초로 슈퍼보울에서 우승하였다. 1980년대부터 1990년대 전반에 걸쳐 슈퍼보울에서 5회 우승하며 황금기를 맞이했다.

　● 오클랜드 레이더스Oakland Raiders _ 오클랜드 콜리시엄을 본거지로 하는 NFL 소속 팀이다. 1960년도에 창단하였으며, 로스앤젤레스를 본거지로 했던 시기도 있었지만 1995년에 오클랜드로 다시 돌아왔다.

　● 샌디에이고 차저스San Diego Chargers _ 원래는 로스앤젤레스를 연고지로 하였으나 1961년에 샌디에이고로 옮겼고, 1970년 NFL에 소속되었다. 팀 이름인 '차저스Chargers'는 돌격자라는 뜻이다. 1979년 이후 4회 연속 플레이오프에 올랐으나 이후 중위권에 머무르다가 1994년 슈퍼볼에 진출한 이후에는 다시 중하위권으로 처졌다.

프로 아이스하키NHL

　빙판 위의 격투기라고 불리는 아이스하키의 프로 리그다. 미식축구,

야구, 농구와 함께 미국의 4대 스포츠로 불린다. 동부와 서부 컨퍼런스 (리그)로 나뉘어져 있으며, 총 30개 팀이 10월부터 이듬해 4월까지 승부를 겨룬다. 로스앤젤레스를 대표하는 팀은 1967년에 탄생한 로스앤젤레스 킹스Los Angeles Kings이다. 어느 스포츠보다 속도감이 있는 경기로 팬들을 매료시킨다. 플레이오프에 단골로 등장하는 전통 있는 강팀이다.

메이저리그 축구

데이비드 베컴의 이적으로 화제가 된 메이저리그 축구도 볼 만하다. 아직 유럽 리그에 비해 수준이 낮지만 최근 들어 급성장하고 있다. LA 갤럭시에 전 잉글랜드 대표팀 주장 데이비드 베컴이 이적한 후 우승을 차지하며 인기몰이에 성공했다.

투어 멘토 : 미국인은 스포츠에 열광합니다. 일상생활에서 쌓인 스트레스를 날려버릴 수 있고, 페어플레이 속에서 최선을 다하는 승부의 미학을 스포츠만큼 확실하게 보여주는 것은 없기 때문이지요. 미국에서는 어려서부터 성인까지 지역별로 소액의 가입비만 내면 축구, 농구, 야구 등 리그에 참가할 수 있습니다. 프로의 길을 걷지 않더라도 누구나 즐길 수 있지요. 명문대학에 입학할 때도 학업, 스포츠, 봉사활동 세 가지를 대등하게 놓고 합격 여부를 결정합니다. 그런 만큼 미국에 와서 스포츠 열기를 경험해 보는 것도 자녀에게 의미가 있을 거라고 봅니다. 언젠가 한국에서 공무원들이 단체로 미국 연수를 온 적이 있었어요. 미국에서도 상당히 주목을 받고

있는 대기업의 한국계 CEO가 강의를 맡았어요. 강의 도중에 공무원 한 명이 이런 질문을 던졌습니다.

"선진국이라는 미국에 와보니 생각했던 것보다 잘 사는 것 같지 않았습니다. 한국과 비교했을 때 학생들이 공부를 많이 하지 않는 것 같고, 직장인들도 덜 일하는 것처럼 보였습니다. 그런데 왜 미국에는 구글이나 마이크로소프트, 애플 같은 혁신 기업이 계속해서 나오는 걸까요?"

그러자 강의를 하던 한국계 CEO가 그 공무원에게 이렇게 물었습니다.

"과장님은 주말에 아이와 함께 야외에서 운동을 같이 하거나 경기를 직접 보러 간 적이 있었나요?"

그 공무원이 "글쎄요, 없었던 것 같습니다."라고 대답하자 CEO는 다음과 같은 말로 결론을 맺더군요.

"그것이 바로 창의적인 인재를 기르는 사회와 그렇지 않은 사회의 차이를 보여주는 단서가 될 수 있겠네요."

그렇습니다. 대부분의 미국 아이들은 어려서부터 스포츠 한두 종목을 선택하여 직접 경기에 참여하면서 경쟁과 협력을 배우고, 체력을 키웁니다. 한국에서는 체력이 창의성의 원천이 된다는 것을 아는 부모들이 많지 않은 것 같습니다. 미국의 학생들은 대학에 입학해서 본격적으로 공부에 뛰어드는데, 이는 체력이 뒷받침되기 때문에 가능한 것입니다.

골퍼의 로망, 환상의 골프 코스를 찾아서

_ 세븐틴 마일의 페블 비치, 토리 파인스, 트럼프 등

투어 멘티 : 한국에서 골프가 대중화되면서 미국 골프장에 와서 라운딩을 하는 분들이 점차 늘고 있습니다. 미국 서부 지역에서 골프와 여행을 겸할 수 있는 코스를 추천해 주시죠.

투어 멘토 : 골퍼라면 죽기 전에 한 번쯤 꼭 라운드를 해보고 싶어 하는 꿈의 코스가 있어요. 미국의 페블 비치와 US 오픈이 열리는 오거스타 내셔널, 그리고 마지막 한 곳이 골프가 시작된 스코틀랜드의 세인트 앤드류스 올드 코스입니다. 꿈의 코스 세 곳 중 두 곳이 미국에 있어요. 한국에서도 캘리포니아에 있는 페블 비치 골프 코스의 관심은 아주 높습니다. 전국에 있는 실내 골프장 프로그램에 등재되어 있는 미국 골프장이니까요.

골퍼들에게 꿈의 코스로 불리는 페블 비치 골프 코스는 태평양과 맞닿아 있어 최고의 아름다움을 자랑한다.

투어 멘티 : 그럼, 페블 비치 골프 코스부터 설명해 주시죠.

투어 멘토 : 아름다운 태평양 해안선을 따라 건설된 페블 비치 골프장은 1919년 오픈한 이래 잭 니클라우스, 아놀드 파머, 타이거 우즈 같은 한 시대를 풍미한 프로골퍼가 멋진 플레이를 펼친 곳입니다. 아름다운 풍광을 자랑하는 17마일(27.3킬로미터)의 드라이브 코스 안에 위치해 있고, 2010년에는 US 오픈 골프대회가 열렸지요. 태평양 연안을 따라 아름답기로 소문난 1번 도로 중에서도 페블 비치의 17마일 드라이브 코스는 백미에 속합니다. 페블 비치 골프 링크

페블 비치 골프 코스에서 라운딩을 하면, 마치 바다 위를 둥둥 떠다니는 듯한 느낌을 경험할 수 있다.

스는 퍼블릭 코스지만, 세계 3대 골프장 중 하나로 꼽히는 곳입니다. 특히 길이는 짧지만 바닷가의 모래톱에 박혀 있는 7번 홀(파 3·106야드)은 모래와 대양에 둘러싸여 찬란하게 빛나는 홀입니다. 전 세계의 골프 코스 설계자들은 페블 비치의 아름다움을 집대성한 최고의 홀이라는 찬사를 보내고 있지요. 또한 페블 비치의 사이프리스 포인트 골프클럽은 바다 한가운데에 코스가 둥둥 떠 있는 듯한 착각을 불러일으킬 정도로 멋진 풍광을 자랑하지요. 주변 풍광이 워낙 뛰어나서 골프를 못 치는 동반자가 오더라도 만족스러운 여행을 즐길 수 있는 몇 안 되는 명소이기도 합니다.

 **투어 멘토의 여행 정보**

● 페블 비치 리조트Pebble Beach Resorts _ 주소 : 1700 17 Mile Drive, Del Monte Forest, CA 93953 / 전화 : (831)622-8723
* 홈페이지 : www.pebblebeach.com/golf

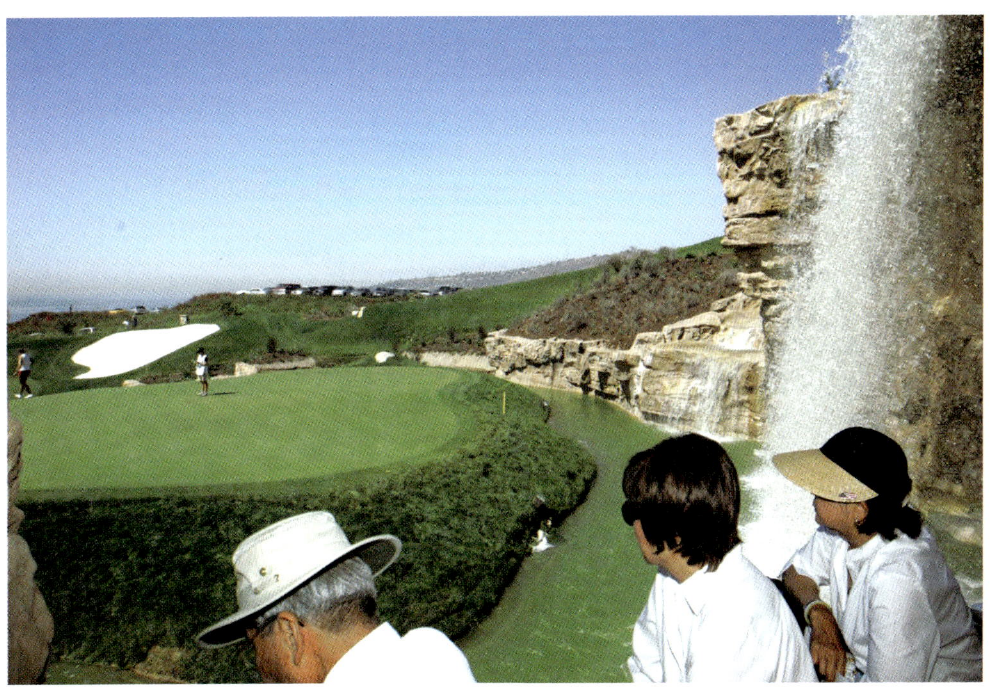

부동산 재벌 도널드 트럼프가 만든 트럼프 내셔널 골프 코스는 험난한 코스와 수려한 경관으로 유명하다.

투어 멘티 : 부동산 재벌로 잘 알려진 도널드 트럼프가 LA 인근에 개장한 트럼프 골프장도 한국인 골퍼들이 선호하는 골프장 중의 하나인데요. 어떻습니까?

투어 멘토 : 미국의 신흥 부자들이 주로 거주하는 랜초 팔로스 버디스 해변을 지나 언덕 위에 그림 같은 풍광을 자랑하는 18홀 규격의 골프 코스랍니다. 트럼프가 소유한 6개 골프장 중 네 번째인 '트럼프 내셔널 골프클럽'이기도 하고요. 험난한 코스로 악명 높은 이 골프장은 뉴욕과 플로리다 등 기존의 골프장 사업에 이은 골프광 도널드 트럼프의 네 번째 도전이기도 합니다. 그가 말한 것처럼 단

토리 파인스 골프 코스에서 열린 PGA 투어에 참가한 '탱크' 최경주 선수가 호쾌한 샷을 날리고 있다.

돈 2,700만 달러에 낡은 오션 트레일 코스를 훔치다시피 주워서 2
억 달러 이상의 공사비를 투입해 초호화급 대형 골프장으로 새롭게
단장했지요. 2005년 가을 LPGA 골프 대회에서 한희원 선수가 우
승을 차지한 곳이기도 합니다.

투어 멘티 : 날씨가 온화하고, 관광 명소가 많은 샌디에이고 인근
의 골프장을 소개해 주신다면, 어떤 곳이 있을까요?

투어 멘토 : 샌디에이고의 보석으로 불리는 휴양지 라호야La Jolla
바닷가 절벽 위에 자리 잡은 토리 파인스Torry Pines도 멋진 골프장입
니다. 1957년에 만들어졌는데, 2001년에 리스 존스Rees Jones가 리
노베이션을 했어요. 토리 파인스 골프 코스는 일반인에게 개방하는
퍼블릭 코스 36홀로, 6,874야드(6.2킬로미터) 노스 코스 18홀과 코스
레이팅이 높은 18홀 사우스 코스로 나뉘어 있습니다. 사우스 코스
는 전장 8,319야드(7,607미터)의 파 70으로, 길게 늘어진 절벽 위의

투어 멘토의 여행 정보

- 트럼프 내셔널 골프 클럽Trump National Golf Club Los Angeles _ 주소 :
  1 Ocean Trails Drive Rancho Palos Verdes, CA 90275
  * 전화 : (310)265-5000
  * 홈페이지 : www.trumpnationallosangeles.com
- 토리 파인스 골프 코스Torrey Pines Golf Course _ 주소 : 11480 Torrey
  pines park Road, San Diego, CA 92037
  * 전화 : (858)581-7171

페어웨이와 함께 해안선이 아름답게 조화를 이루고 있어요. 천혜의 절벽과 짙푸른 바다, 그리고 맑은 하늘이 어우러져 멋진 풍광을 보여주고 있으며, 패더글라이딩을 하면서 파도를 타는 서퍼들을 종종 볼 수 있습니다. PGA 투어 중의 하나인 뷰익 인비테이셔널이 해마다 열리다 파머스 인슈어런스 오픈으로 바뀌었고, LPGA로는 2009년 삼성 월드 챔피언십에서 최나연이 우승했던 곳이기도 합니다. 2008년 US오픈에서는 사상 최대 길이인 7,600야드(6,949미터)가 넘는 플레이가 펼쳐져 프로 골퍼들의 진땀을 빼기도 했지요

투어 멘티 : 휴식을 겸해 골프를 치는 곳으로는 온천이 많은 팜스프링스Palm Springs는 특히 겨울철에 인기가 높은 것으로 알고 있습니다.

투어 멘토 : 팜스프링스는 사막 가운데 있는 고급 휴양지로서 반경 32킬로미터에 50개의 골프 코스가 있는 골프장으로 매우 유명합니다. 로스앤젤레스에서 60번 프리웨이를 타고 1시간 반 정도 동쪽으로 달리면 도착하는 도시입니다. 사막이지만 골프장을 비롯해 가족형 놀이 시설과 온천, 쇼핑몰 등이 완벽하게 조성되어 있어 섭씨 39도에 달하는 폭염 속에서도 관광객들이 붐비는 곳입니다. 특히 겨울철에는 멀리 동부에서 추위를 피해 찾아오는 사람들이 많아서 호텔 잡기는 물론 그린피도 여름에 비해 네 배나 비쌉니다. 그래서 관광을 하기에는 저렴하면서 날씨도 선선한 9월이 가장 좋습니다. 팜스프링스 라킨타 지역에는 잭 니클라우스 등 유명 프로골퍼가 설계한 골프장이 5개나 있고, 그중에서도 세계 100대 골프 코스

세계 100대 골프 코스라 불리는 팜스프링스의 PGA 웨스트 TPC 스타디움은 수려한 코스를 자랑한다.

에 이름을 올린 PGA 웨스트 TPC 스타디움이 가장 유명합니다. 1986년에 벙커를 기본으로 설계한다는 거장 피트 다이가 설계를 맡아 18홀(파 72·7,300야드) 규모로 오픈했지요. 골프 난이도가 높아 최근에는 매년 PGA 투어로 가는 '지옥의 관문' 인 퀄리파잉 스쿨(Q 스쿨)이 개최되고 있습니다.

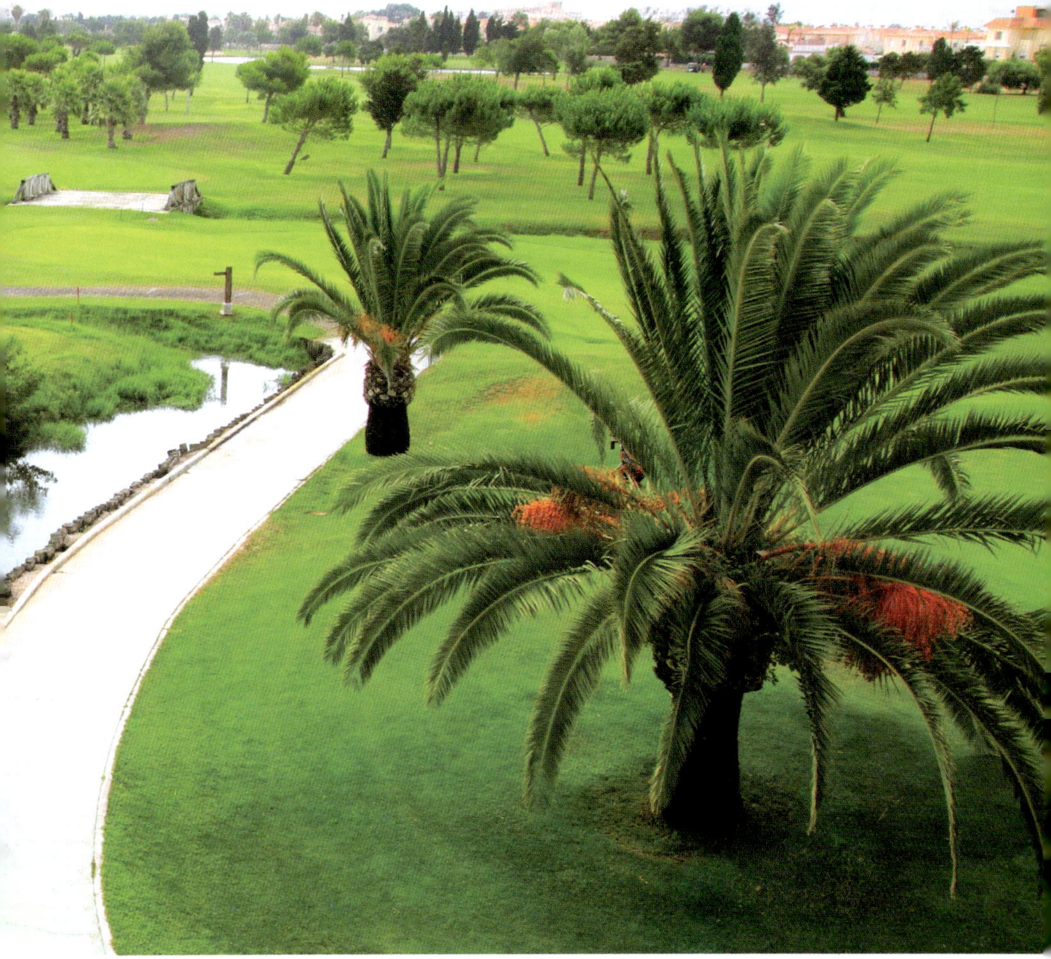

투어 멘토의 여행 정보

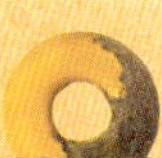

- PGA 웨스트(PGA West) _ 주소 : 55-955 Pga Boulevard. La Quinta, CA 92253 / 전화 : (760)564-3914 / 홈페이지 : www.pgawest.com

여행은 보는 것이라

자연의 장엄함과 인간의 위대함을 보고 느끼는 것

여행은 '보는 것(sightseeing, tour)'입니다. 자연의 장엄함과 아름다움을 보고, 듣고, 느끼고, 감동하는 오감 체험 활동입니다. 푸른 바다에서 고래가 하얀 물줄기를 내뿜는 모습을 보고, 미술관에서 유명 화가의 작품을 감상하고, 역사의 흔적이 남아 있는 유적지를 둘러보면 즐거움이 따라옵니다. 그 광경이 낯설고 처음 본 것일수록 감동은 두 배가 됩니다. 여행은 신이 창조한 자연의 작품과 인간의 영혼이 담긴 작품을 감상하면서 보는 것의 참된 즐거움을 맛볼 수 있습니다.

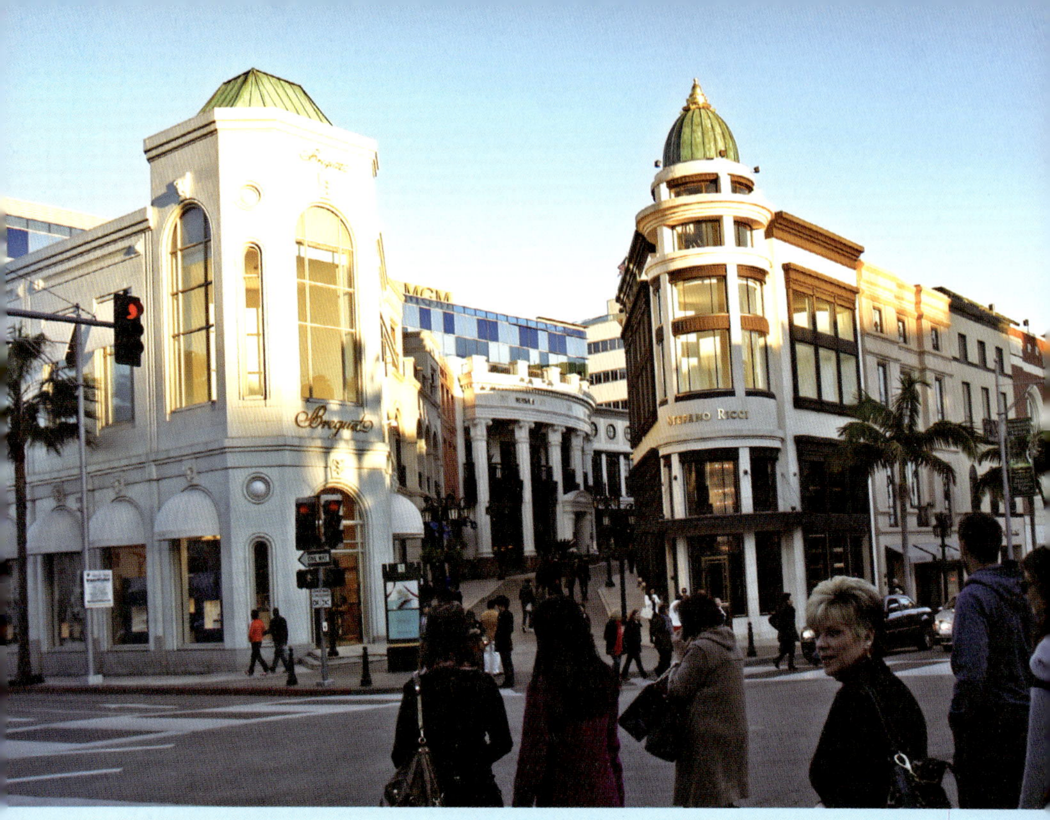
Breguet
MGM
STEFANO RICCI

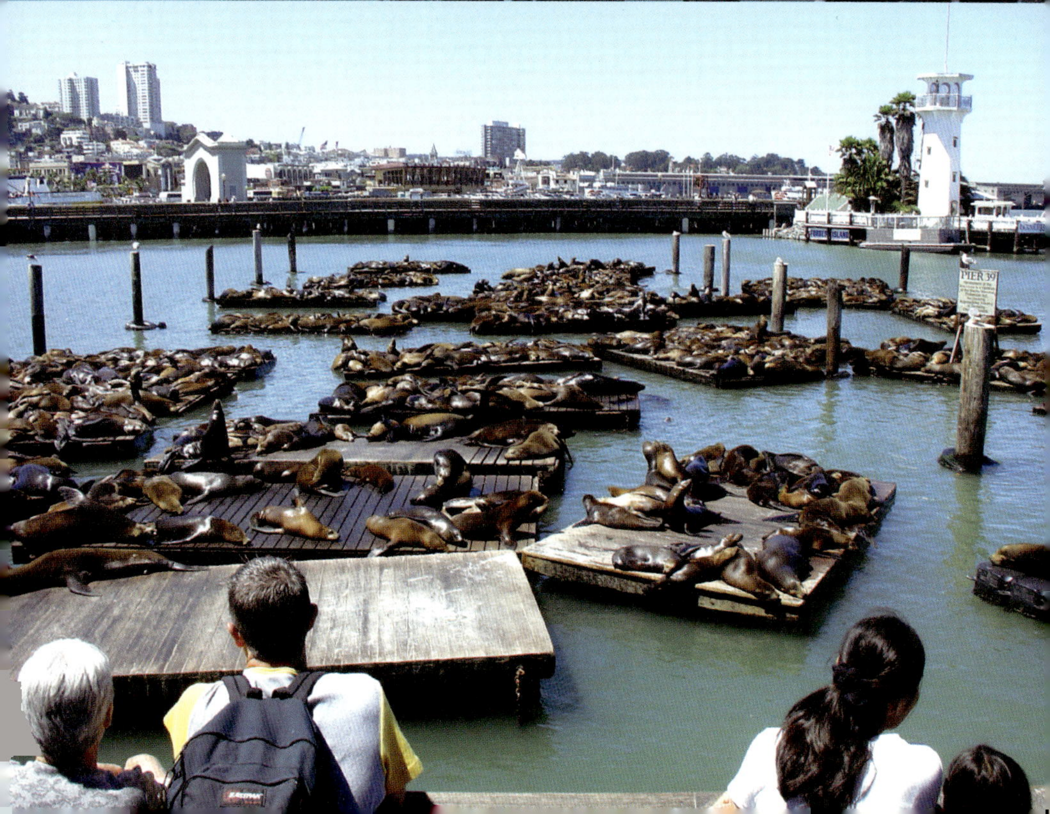
PIER 39

오늘 하루만 셀리브리티가 되어 보자

_ 로데오 드라이브, 베벌리힐스 힐튼 호텔

투어 멘티 : 여행은 쳇바퀴 같은 일상을 떠나 다른 궤도를 다녀보는 떠나는 시간입니다. 자신이 아닌 다른 사람의 삶을 훔쳐보는 시간이지요. 한 번쯤 이렇게 살아봤으면 하고 자신의 상상력에 방아쇠를 당길 수 있는 곳을 알려 주세요. 그 상상이 자유라면 셀러브리티가 되어 보는 것도 나쁘지 않을 것 같습니다.

투어 멘토 : '셀러브리티celebrity'란 저명인사나 유명인사를 가리키는 말로, 1990년 LA에서 유행되기 시작했죠. 지금은 부유층을 상징하는 말로 사용되고 있습니다. 인생의 하루쯤은 나를 위한 날로 살아보는 것도 좋은 생각입니다. TV와 영화 속에 비춰진 유명인사를 떠올리며 자신을 주인공으로 연출시켜 보세요. 그러기에는 할

리우드 인근에 있는 베벌리힐스Beverly Hills만큼 셀러브리티를 위한 도시는 없습니다. 고급 주택가와 명품 브랜드숍이 줄지어 있는 로데오 드라이브는 셀러브리티의 명소로 유명하니까요. 준비물도 필요 없어요. 강렬한 캘리포니아 햇빛을 가릴 수 있는 짙은 선글라스와 팝송 몇 곡이면 됩니다. 먼저 로이 오비슨Roy Orbison이 부른 「Oh, Pretty Woman」을 들으면서 베벌리힐스의 로데오 드라이버를 거닐어 봅시다.

• 로데오 드라이브Rodeo Drive _ 이 거리는 월셔와 산타모니카 블러바드를 축으로 하는 '골든 트라이앵글Goldend Triangle'로서 베벌리힐스의 중심가이다. 베벌리힐스는 1914년 LA에서 분리된 자치 시City의 하

영화 「귀여운 여인」의 배경이 되었던 포시즌스 레전트 호텔은 로데오 거리 맞은편에 있다.

나로, 인구는 34,000여 명에 불과하지만 전 세계에서 부의 상징처럼 여겨지는 곳이다. 이곳에는 영화배우 안젤리나 졸리, 레오나르도 디카프리오 등 스타들의 저택들이 즐비하다. 로데오 드라이브는 호화로운 의상실과 보석상, 그리고 명품 숍들이 중심가를 차지하고 있다. 로데오 드라이브를 따라 윌셔 블러바드Wilshire Boulevard 쪽으로 걷다 보면 두 길이 교차하는 지점에서 줄리아 로버츠와 리차드 기어가 주연으로 출연했던 영화 「귀여운 여인Pretty Woman」의 배경이 되었던 포시즌스 레전트 윌셔 베벌리힐스Four Seasons Regent Wilshire Beverly Hills 호텔이 나온다. 영화 「귀여운 여인」은 1990년 최고의 흥행 수익을 올렸으며, 주연배우 리처드 기어와 줄리아 로버츠가 자신의 매력을 한껏 발산하여 큰 인기를 얻었다.

미국의 대표적인 부촌으로 알려진 베벌리힐스의 시청 건물 전경.

투어 멘토 : 이제 로데오 거리를 나와 존 데이비스John Davis가 부르는 「Beverly Hills 90210」의 주제곡을 들으며 베벌리힐스를 차로 둘러봅시다. 윌셔 길을 달려오다 보면 고풍스러운 베벌리힐스 힐튼 호텔이 나옵니다. 이쯤에서 곡을 바꿔 봅시다. 노래는 이 시대의 진정한 디바였던 휘트니 휴스턴이 부른 「I Will Always Love You」입니다.

이 노래는 1992년 영화배우 케빈 코스트너와 함께 출연한 영화 「보디가드Bodyguard」의 주제곡이다. 2012년 54회 그래미상 시상식을 하루 앞두고 사망한 휘트니 휴스턴이 머물렀던 곳이 바로 베벌리힐스 힐튼 호텔이다. 여섯 차례나 세계 최고 권위의 팝음악상인 그래미상을 수상한 휴스턴은 음반 제작자 클라이브 데이비스가 주최하는 그래미상 전야제에 참석하기 위해 이 호텔에 머물다 숨을 거둬 '팝의 전설'로 남게됐다. 1985년에 데뷔한 휴스턴은 부드러운 음색과 정교한 감정 처리 등가창력과 빼어난 외모로 그래미상 시상식에서 1986년, 1988년, 1994년 최우수 팝 여성 보컬상, 2000년 최우수 R&B 여성 보컬상, 1994년「보디가드」 앨범으로 올해의 레코드, 올해의 앨범상을 수상했다.「Greatest Love Of All」, 「Saving All My love For You」 등 수많은히트곡으로 그래미상 6회 수상, 아메리칸 뮤직 어워드 21회 수상, 누적

 **투어 멘토의 여행 정보**

베벌리힐스는 1990년대 유명한 텔레비전 청춘 드라마 시리즈인 「베벌리힐스의 아이들(원제는 'Beverly Hills 90210')」의 무대가 된 곳이다. 이 드라마에 나오는 웨스트 베벌리힐스 고교는 사실 존재하지 않는 학교이다. 베벌리힐스 고교의 우편번호는 90212인데, 사실은 베벌리힐스 시의 대표적인 우편번호이다. 이 시리즈는 제이슨 프리스틀리, 쉐넌 도허티 등 재기발랄한 10대 스타들을 다수 배출했으며, 1990년에 첫 방송을 시작한 후 10년 동안 전 세계 젊은이들의 인기를 얻은 장수 드라마였다.
● 베벌리힐스 방문자센터 _ 주소 : 239 S. Beverly Dr. Beverly Hills
  * 전화 : (800)345-2210
  * 홈페이지 : www.lovebeverlyhills.org

100년이 넘는 유서 깊은 역사를 자랑하는 '베벌리힐스 호텔'은 이글스의 노래 「호텔 캘리포니아」의 배경이 된 곳으로 유명하며, 왕실 인사나 할리우드 스타들이 자주 찾는다.

음반 판매량 1억7천만 장, 7곡 연속 빌보드 싱글 차트 1위 등 팝의 역사를 새로 썼다.

투어 멘토 : 베벌리힐스 힐튼 호텔을 바라보며 그녀를 위한 추모사를 던져보고, 이번에는 라 시에네가 블러바드La Cienega Boulevard로 방향을 바꿔 봅시다. 이곳은 갤러리와 유명 레스토랑이 즐비한 거리입니다.

라 시에네가 블러바드에서 윌셔 블러바드와 교차하는 남쪽 거리는 유명 레스토랑이 늘어서 있다. 로데오 드라이브에서 쇼핑을 끝낸 사람들이 모여드는 미식가들의 거리다. 북쪽 거리는 화려한 할리우드의 밤을 자랑하는 선셋 블러바드와는 달리 조그마한 개인 화랑들이 많아서 '갤러리의 거리'로 불린다. LA에서 활약하는 아티스트들의 팝 아트 작품들이 전시되어 있어서 미국 서해안 지역의 현대 미술을 감상하기에 좋다.

투어 멘토 : 선셋 블러바드Sunset Boulevard로 방향을 틀어 이번에는 인기 팝 그룹인 이글스Eagles의 명곡 「Hotel California」를 들어봅시다. 얼마 지나지 않아 그 유명한 베벌리힐스 호텔이 나올 겁니다.

● **베벌리힐스 호텔**The Beverly Hills Hotel _ 1912년에 영업을 시작한 할리우드의 명소로, 이글스의 노래 「Hotel California」의 배경이 된 곳이다. 야자수에 둘러싸인 환상적인 핑크색 외관이 이 곡이 수록된 앨범 재킷 사진에 사용되는 바람에 더욱 유명해졌다. 얼마 전 100년을 맞은 이 호텔은 그 역사에 걸맞게 왕실 인사나 국가원수, 억만장자, 영화계 스타들이 수없이 찾아온 곳이다.

* 주소 : 9641 Sunset Boulevard, Beverly Hills, CA 90210

* 전화 : (310)276-2251

Welcome to the Hotel California

Such a lovely place

They're livin' it up at the Hotel California

What a nice surprise,

bring your alibis

캘리포니아 호텔에 오신 걸 환영해요.

이곳은 아름다운 곳이죠.

사람들은 이곳에서 인생을 즐기고 있어요.

놀랍지 않나요?

핑계거리 대고 이리 놀러오세요.

투어 멘토 : 이 노래의 후렴구를 따라 부르며 자신이 가장 좋아하는 할리우드 영화배우를 떠올려 봅니다. 그리고 이날 하루만큼은 셀리브리티가 된 기분으로 살아봅시다. 이것만은 잊지 마세요. 내가 살아가는 '인생'이라는 영화에서 주인공은 바로 '나'라는 사실을 말이죠.

아, 샌프란시스코

_ 유니언 스퀘어, 차이나타운, 사우스 오브 마켓, 피셔맨스 워프, 해양 박물관, 금문교

투어 멘티 : 사람은 빵만 먹고 살 수 없다는 말이 있습니다. 그래서 누구나 한 번쯤은 잊지 못할 추억을 떠올리며 팍팍한 현실을 견뎌내곤 합니다. 전 세계인을 사로잡은 영화와 팝송, 사진 등에서 샌프란시스코가 없는 미국은 상상하기가 어렵습니다. 샌프란시스코는 미국의 추억을 상징하는 도시처럼 느껴집니다.

투어 멘토 : 가파른 언덕 위에 세워진 빅토리아풍 건축물, 짙푸른 바다와 부둣가가 조화를 이루는 그림 같은 풍경, 독특한 역사와 자유로운 문화가 덧씌워지고, 하늘의 축복을 받은 온화한 기후가 어우러져 절정의 아름다움을 뽐내는 도시, 단 한 번의 방문으로도 평생을 두고 여운을 즐길 수 있을 만큼 신비로운 매력을 가진 도시가

한때는 악명 높은 감옥이었다가 지금은 유명 관광지로 탈바꿈한 알카트라즈 섬이 멀리 보인다.

바로 샌프란시스코입니다. 세계적인 여행 전문 잡지 「콘드 나스트 트래블러Condé Nast Traveler」가 선정한 '가장 방문하고 싶은 미국 도시 1위' 자리를 20년 가까이 놓치지 않은 금문교의 도시가 바로 샌프란시스코입니다.

투어 멘티 : 사실 제대로 보려면 일주일도 부족할 정도로 샌프란시스코에는 볼거리가 많은 것 같습니다. 짧은 일정으로 오는 사람들도 이것만은 꼭 봐야 한다는 곳이 있으면 추천해 주시죠.

투어 멘토 : 샌프란시스코에 오시면 금문교와 '더 록'이라는 이름으로 악명 높은 감옥이 있는 알카트라즈 섬을 보고 가야 미국에 다녀왔다고 말할 수 있지요. 가슴에 꿈을 품고 수천 명의 선원과 이민

세상에서 가장 아름다운 다리로 손꼽히는 금문교는 샌프란시스코를 상징하는 명물이다.

자들이 건너온 금문교는 세계에서 가장 아름다운 다리로 알려져 있습니다. 안개가 자욱하게 깔린 바다 위에 떠 있는 알카트라즈 섬은 아름다운 샌프란시스코 만 한가운데 위엄 있게 자리 잡고 있지요. 크루즈를 타고 이 섬을 방문해 보면 또 다른 운치를 느낄 수 있을 겁니다. 자녀를 데리고 오신 한국 분들은 '종문리 아트 앤 컬쳐 센터'를 꼭 들러 한국인으로서의 도전정신과 자부심을 심어 주세요.

투어 멘티 : 그렇다면 시간이 넉넉한 분들이 샌프란시스코를 제대로 둘러보려면 어떻게 해야 할까요?

투어 멘토 : 샌프란시스코의 명물로 자리 잡은 케이블카와 전차를 타보세요. 그렇지 않고서는 샌프란시스코의 진정한 매력을 맛볼

수 없어요. 특히 한 세기가 지나도록 구불구불한 언덕길을 오르내린 케이블카는 그 자체만으로도 낭만과 추억이 충만합니다. 기후가 연중 온난하고 쾌적하기 때문에 한겨울에도 얇은 코트 하나면 충분합니다. 단, 바닷바람이 강하다는 점은 잊지 마세요. 어둠과 함께 찾아오는 안개는 샌프란시스코를 더욱더 신비롭게 만들어 줍니다. 대중교통을 이용해서 둘러볼 수 있는 주요 관광지를 지역별로 나눠 소개하면 다음과 같습니다.

샌프란시스코 다운타운Downtown

국제 문화의 중심지인 이곳은 시민에게는 생활의 터전이고, 여행자에게는 여행의 출발점이 되는 곳이다. 한복판의 유니언 스퀘어를 기준으로 동쪽에는 금융의 중심인 파이낸셜 지구, 서쪽에는 시빅 센터가 자리 잡고 있다. 걸어서 둘러볼 만한 공간에 주요 명소가 모여 있고, 이른 아침부터 무수한 인파로 붐비는 활기 넘치는 곳이다.

● 유니언 스퀘어Union Square _ 링컨 대통령 당선 후 남부 11개 주가 연방 탈퇴를 선언하자 연방주의자Unionist들이 이곳을 중심으로 반대 시위를 벌인 이후 연방을 상징하는 장소가 되었다. 대규모 쇼핑 타운으로 발전했으며, 다양한 이벤트와 노천 시장이 열린다.

● 차이나타운Chinatown _ 아시아 지역을 제외하면 세계 최대의 중국인 거리다. 1969년 중국 정부의 주도 하에 재개발이 이루어졌으며, 입구인 차이나타운 게이트도 중국에서 기증한 것이다. 저녁 식사를 마친

피라미드 형태로 건축된 '트랜스 아메리카 피라미드'는 샌프란시스코의 최고층 빌딩으로, 밤이 되면 6천 개의 유리창에서 비치는 빛으로 인해 야경이 더욱 아름답다.

후 산책하기 좋은 코스로 알려지면서 밤늦게까지 붐빈다.

● **트랜스아메리카 피라미드**Transamerica Pyramid _ 피라미드 형태로 건축된 761피트, 48층 높이의 빌딩으로, 단연 돋보이는 샌프란시스코의 상징이다. 낮에는 알루미늄 커버가 햇빛을 받아 반짝이고, 밤에는 불이 밝혀진 6천 개의 유리창이 아름다운 야경을 연출하는 센프란시스코의 최고층 건축물이다.

사우스 오브 마켓 South of Market

'소마SOMA'로 불리며, 다운타운을 사선으로 가로지르는 마켓 스트리트 남쪽 일대를 말한다. 샌프란시스코 예술의 중심지로서 화랑, 카페, 나이트클럽 등이 모여 있다. 둘러보다 피곤해지면 인공폭포의 폭포수를 보며 휴식을 취할 수 있는 에스플러네이드 공원을 들르자. 폭포 물줄기 뒤 벽면에 미국의 인권운동가 마틴 루터 킹 주니어의 연설문이 영어와 한글을 포함한 세계 각국의 언어로 적혀 있다.

● **예르바 부에나 가든**Yerba Buena Gardens _ 소마의 중심에 위치한 작은 공원이다. 샌프란시스코의 새로운 랜드마크로 떠오르고 있는 복합 엔터테인먼트 센터 '메트레온', 연중 개장하는 아이스 스케이트장, 야외 공연장 등이 모여 있다.

● **샌프란시스코 현대 미술관**SFMOMA _ 미국에서 두 번째로 큰 규모의 현대 미술관으로, 20세기를 대표하는 피카소의 작품을 비롯해 차세대 화가들의 작품까지 1만5천여 점이 전시되어 있다. 사진, 비디오 등을

샌프란시스코 '피어 39'는 직접 낚은 게와 해산물을 파는 레스토랑과 이색 상점들이 즐비해
관광객들이 많이 찾는다.

이용한 미디어 아트 작품도 전시되어 있어 전문가가 아니더라도 누구나
즐겁게 감상할 수 있다.

● **아시안 아트 뮤지엄**Asian Art Museum _ 미국에서 가장 큰 규모의
아시안 아트 뮤지엄이다. 1,500만 달러를 기부한 앰벡스 사 이종문 회
장의 이름을 붙여 '종문리 아트 앤 컬처 센터Chong-Moon Lee Center
for Asian Art and Culture'로 불린다. 중국관, 일본관 등 다양한 전시관이
있으며, 1만3천여 점의 한국 유물을 소장하고 있다.

피셔맨스 워프 Fishman's Wharf

샌프란시스코의 최고 명소이며, 관광객들의 필수 방문지이다. 원래는 이탈리아계 어부들의 소박한 선착장으로, 직접 낚은 게와 해산물을 팔던 곳이었다. 지금은 그 자리를 다양한 상점과 레스토랑, 기념품 가게들이 차지하고 있다. 바로 삶은 신선한 게와 클램 차우더가 이곳을 대표하는 요리이니 꼭 맛을 보자. 마차나 인력거를 타고 피셔맨스 워프를 둘러볼 수도 있으며, 곳곳에 자리 잡은 길거리 공연자를 만날 수 있다.

● **피어 39** Pier 39 _ 피셔맨스 워프에서 유일하게 바다와 맞닿아 있는 쇼핑몰이다. 20세기 초 샌프란시스코 마을을 재현해 놓은 최고의 인기 방문지다. 이색적인 상점과 낭만이 넘치는 카페, 레스토랑들로 가득하다. 입구 광장에서 크고 작은 공연이 펼쳐진다.

● **샌프란시스코 해양 박물관** _ 피셔맨스 워프 서쪽 끝 부분에 자리 잡고 있다. 17세기 영국과 샌프란시스코를 오갔던 상선 '발클루타'를 개조해 만들었다. 1840년부터 1세기에 걸친 미국 서해안의 해운 역사를 소개한다.

● **샌프란시스코 베이 크루즈** _ 금문교까지 다녀오는 유람선이다. 탁 트인 바다에서 샌프란시스코의 아름다운 시가지를 감상할 수 있다. 샌프란시스코의 상징인 '금문교', 탈출이 불가능한 것으로 악명 높았던 감옥 섬 '알카트라즈'를 관람하는 최고의 방법은 베이 크루즈이다. 알카트라즈 섬은 숀 코너리와 니콜라스 케이지가 주연한 영화 「더 록 The Rock」이 상영되어 더욱 유명해졌다.

금문교 아래를 지나 샌프란시스코 연안을 둘러보는 크루즈는 또 다른 재미를 선사한다.

금문교 주변

샌프란시스코 시와 마린 카운티를 연결하는 아름다운 금문교 일대는 골든게이트 국립 레크리에이션 지역으로 지정되어 있다. 골든게이트 공원, 링컨 공원, 군사 요새이던 프리시디오 등 녹지대가 많아 시민들의 휴식처 역할을 하는 곳이다.

● **금문교**Golden Gate _ 착공 당시 지형적인 악조건으로 건설이 불가능한 것으로 여겨졌었고, 4년의 공사 기간 동안 11명이 목숨을 잃었다. 다리는 늦은 밤에 더욱 아름다운 자태를 뽐내며, 다리 남쪽 끝 포트 포인트 전망대에서 인근 도시들을 한눈에 조망할 수 있다. 샌프란시스코를 상징하는 다리로서 이 다리를 보지 않고서는 샌프란시스코를 보았다고 할 수 없을 정도다. 전체 길이는 2,789미터이며, 수면과의 높이는

샌프란시스코의 명물 '케이블카'를 타면 즐기는 재미가 두 배로 커진다. 케이블카를 타고
언덕길을 오르면 숨 막힐 듯한 샌프란시스코 만(灣)의 아름다운 풍경이 펼쳐진다.

Van Ness Ave., California
52
& Market
Streets

세상에서 가장 구불구불한 언덕길로 유명한 '롬바드 스트리트'를 차량들이 느릿느릿 내려오고 있다.

67미터나 된다. 걸어서 건너려면 40분 정도가 걸린다. 소살리토의 비스타 포인트Vista Point 전망대에서 바라보는 경관이 특히 아름답다.

● **클리프 하우스**Cliff House _ 빅토리아풍의 화려한 리조트 하우스는 탁 트인 바다를 조망하는 최적의 장소이기에 많은 사람들이 찾는다. 10월부터 이듬해 5월까지 클리프 하우스 아래의 씰 락Seal Rock에서 남하하는 바다표범을 볼 수 있다.

● **골든 게이트 공원**Golden gate Park _ 세계 최대 규모의 인공 공원으로, 뉴욕의 센트럴 파크에서 모티브를 얻어 설계되었다고 한다. 금문교의 남쪽에서부터 장방형으로 길게 펼쳐져 있다. 공원을 두루 돌아보려면 공원 입구에서 자전거를 빌리는 편이 좋다.

샌프란시스코 주변 여행지

샌프란시스코 만Bay을 기준으로 동쪽에는 산업 도시인 오클랜드와 지성의 도시 버클리가 있다. 남쪽에는 세계 소프트웨어 산업의 메카인 실리콘밸리, 북쪽 마린 카운티에는 고급 주택지 소살리토Sausalito가 있다. 금문교 건너편에 위치한 휴양지로 산의 경사면에 위치한 고급 주택과

앙증맞은 상점들, 로맨틱한 시푸드 레스토랑, 물개 바위가 유명하다. 좀 더 북쪽으로 올라가면 미국 제일의 와인 생산지인 나파 밸리와 소노마가 있고, 동쪽으로는 새크라멘토, 남쪽으로 더 내려가면 캘리포니아에서 가장 아름다운 해안도로가 있는 몬테레이를 만날 수 있다.

투어 멘토 : 앞에서도 말했지만 샌프란시스코 한복판에는 암벡스 사 이종문 회장의 이름을 딴 박물관이 자랑스럽게 서 있습니다. 이종문 회장은 1970년에 미국으로 건너왔고, 1982년에는 실리콘밸리에 '다이아몬드 멀티미디어시스템'이라는 컴퓨터 그래픽카드 회사를 세웠습니다. 55세에 청년 벤처를 시작한 것이지요. IBM과 애플 컴퓨터의 호환 시스템을 개발한 이 회사는 1993년에 실리콘밸리 내 고속 성장 기업 8위에 오를 만큼 주목을 받습니다. 이후 이 회장은 회사를 나스닥에 상장시켜 직원들에게 나눠 주었고, 자신은 다시 벤처캐피털을 설립해 또 다른 도전을 시작합니다. 그때가 그의 나이 69세였어요. 그런 과정 중에 1999년 샌프란시스코 아시아 박물관 내 한국관이 예산 부족으로 문을 닫게 됐다는 소식을 듣게 됩니다. 이 회장은 1,500만 달러를 기부했고, 이는 전 시민이 참여한 '박물관 살리기 운동'의 도화선이 됐습니다. 결국 샌프란시스코 시는 박물관을 새로 건립했고, 이 회장의 이름을 따서 '종문 리 아트 앤 컬쳐 센터'로 명명했습니다. 아시아계 이민자의 이름을 딴 대도시 박물관으로는 처음이었죠.

투어 멘티 : 미국인이 사랑하는 도시 샌프란시스코 한복판에 있는 미술관이 한국인의 기부로 건립된 것이라니, 참으로 자랑스러운 일이네요.

투어 멘토 : 어느 강연회에서 누군가가 이종문 회장에게 물었다고 합니다. "회장님께서는 한 달에 얼마나 버세요?" 그러자 이 회장은 이렇게 대답했다고 합니다. "얼마를 버는지는 저도 잘 모릅니다. 그러나 매달 60만 달러는 꼭 벌어야 합니다. 매달 기부하기로 한 돈이 이곳저곳 합해서 60만 달러쯤 되기 때문입니다." 열심히 돈을 벌어 훌륭하게 쓰고 있는 방법을 이종문 회장이 잘 보여주고 있습니다. 평범한 사람은 한 달에 60만 달러를 기부할 수 없겠지요. 하지만 6달러든 60달러든 남을 위해 쓴다면, 그 정신은 일맥상통하지 않을까요? 아름다운 샌프란시스코를 다녀오며 이 같은 교훈까지 덤으로 얻어갈 수 있다면 이보다 더 좋은 여행은 없지 않을까요?

투어 멘토의 여행 정보

- ASIAN ART MUSEUM & Chong-Moon Lee Center for Asian Art and Culture _ 주소 : 200 Larkin Street, San Francisco
- * 전화 : (415)581-3500

미국에서 최대 규모를 자랑하는 샌프란시스코의 차이나타운. 이곳의 명물 '얌차'와 해물 중화요리는 꼭 맛봐야 할 음식이다.

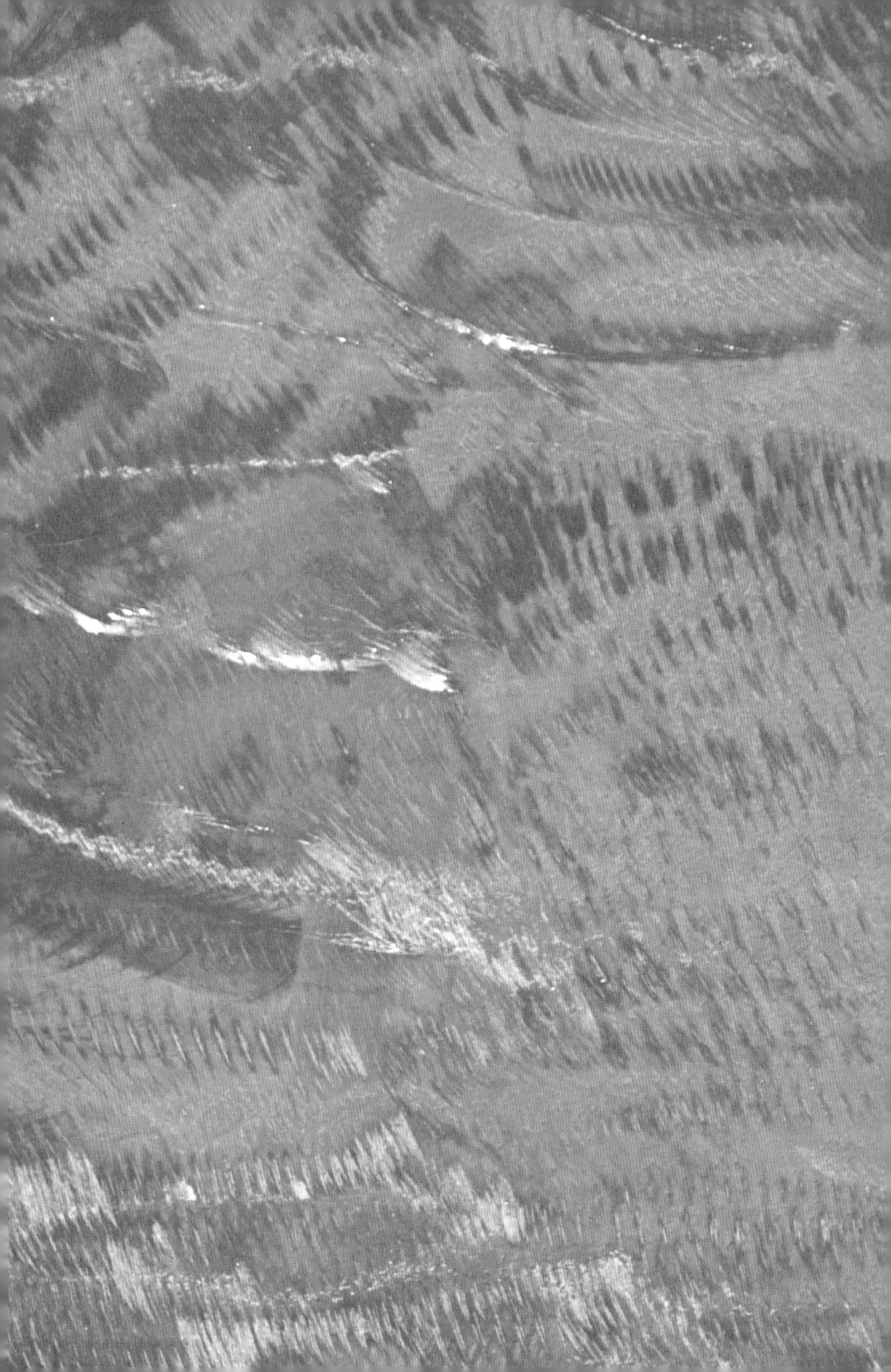

여행은 경이로움이라

삶 속에서 잠자고 있는 감성을 깨우는 것

여행은 감탄이다. 일상생활에서 무감각해진 감성을 일깨우기 위해 우리는 여행을 떠난다. 상상의 테두리를 벗어난 원시 자연의 절경 속에서 인간이 할 수 있는 일이라곤 감탄 밖에 없으니까. 말과 글, 영상으로 그것을 표현하기에는 역부족이다. 너무 크고, 너무 아름답고, 너무 멋진 풍광에 젖어 있는 동안 현대화된 삶 속에서 잠자고 있는 감성이 깨어난다. 짜릿한 흥분이 신경망을 타고 전해져 오는 그 순간 우리는 삶이 주는 희열을 만끽하게 된다. 할 수만 있다면 더 많이 감탄하자! 여행이 끝난 뒤에도…….

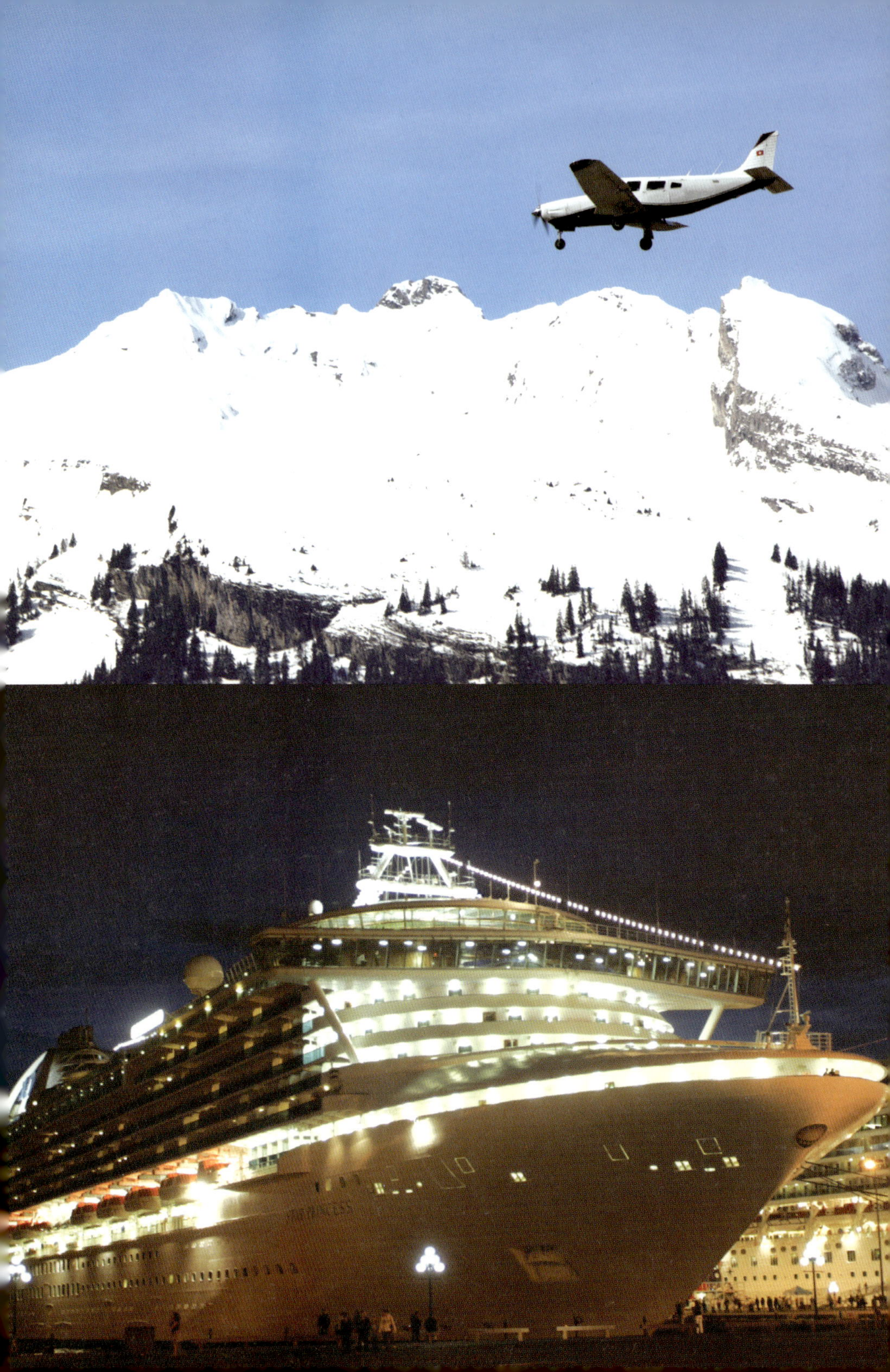

원시의 절경을 간직한 로키 산맥으로

_ 캐나디안 로키 산맥 공원

투어 멘티 : 캐나디안 로키 산맥 공원Canadian Rocky Mountain Parks 을 굳이 미국 서부 관광지에 포함시키는 이유를 알고 싶습니다.

투어 멘토 : 로키 산맥이 미국과 캐나다를 남북으로 걸쳐 있는데다 장엄하고 아름다운 자연이 미국의 다른 국립공원과 비교해도 손색이 없기 때문입니다. 사실 북미 대륙에서 로키를 빼면 아쉬움이 너무 많이 남습니다. 로키 산맥은 캐나다의 브리티시컬럼비아 주와 앨버타 주에서 뉴멕시코 주까지 남북으로 4,800킬로미터에 걸쳐 뻗어 있어요. 그중에 3,000킬로미터는 미국 땅에, 1,800킬로미터는 캐나다 땅에 걸쳐 있는데, 여행자들이 더 선호하는 지역은 캐나다에 속해 있는 로키입니다. 미국 최초이자 세계 최초의 국립공원

인 옐로스톤 국립공원의 연간 방문객이 330만 명인데 비해 앨버타 주의 로키 산맥을 찾는 방문객은 연간 1,100만 명에 달하니까요.

투어 멘티 : 해마다 전 세계에서 1천만 명 이상이 찾는 캐나다 로키의 매력은 뭐라고 생각하시는지요?

투어 멘토 : 산으로 비교하자면 캐나다 로키는 스위스의 알프스 산과 자주 비교됩니다. 알프스의 몽블랑이 날카로움을 보여준다면 로키의 산은 웅장함을 보여주죠. 빙하 지역은 알래스카와 비교됩니다. 바다에서 절벽으로 깎아 놓은 빙벽을 바다에서 보는 것이 알래스카 빙하라면, 넓은 빙원에서 흘러나온 빙하를 직접 볼 수 있는 것이 캐나다 로키의 특징입니다. 밴프Banff와 재스퍼Jasper 등 5개의 국립공원이 기대어 있고, 전 세계 호수의 절반이 있는 '호수의 나라'에 걸맞게 가장 아름다운 호수를 볼 수 있는 곳이기도 하지요. 그랜드 캐년과 옐로스톤 국립공원을 먼저 보고 나서 이곳에 온다면, 또 다른 대자연의 아름다움을 만끽할 수 있는 기회가 될 것입니다.

투어 멘티 : 캐나다 서부와 미국 서부의 특색을 비교한다면, 어떤 차이점이 있을까요?

투어 멘토 : 캐나다 로키의 자연 경관은 미국 서부에 비해 좀 더 시원시원한 느낌이 있습니다. 나무도 쭉쭉 뻗어 있고, 강물의 수량이 풍부해서 빠르게 흘러갑니다. 세계에서 가장 멋진 산악 경관을 자랑하는 아이스필즈 파크웨이Icefields Parkway를 달리면 산자락이 하얀 병풍처럼 도로를 에워싸는 느낌이 절로 듭니다. 캐나다인들은

이 도로를 '잘 구운 감자를 둘로 쪼갠 틈새 같은 도로'라고 표현하기도 하지요. 이 길을 가다 보면 좌우로 만년설을 이고 있는 산봉우리들과 짙은 침엽수림이 320킬로미터나 뻗어 있습니다. 해발 3,000미터 이상의 고봉이 수십여 개나 되고, 숲과 호수, 강, 평원, 빙하 등이 어우러져 천혜의 절경을 선사합니다.

투어 멘티 : 캐나다 로키에서 놓치지 말고 꼭 둘러봐야 할 관광지를 추천해 주시죠.

투어 멘토 : 로키의 핵심은 '세계 10대 절경'이라는 루이스 호수Lake Louise와 머린 호수Maligne Lake, '지구의 식수원'이라 불리는 콜롬비아 대빙원은 반드시 봐야 합니다. 설퍼Sulphur 산에서 내려다보는 밴프 국립공원의 절경, 컬럼비아 빙원에서 뻗어나간 아사바스카 빙하Athabasca Glacier와 '작은 나이아가라'로 불리는 아사바스카 폭포Athabasca Falls, 캐나다 로키 산맥의 최고봉인 롭슨 산Mount Robson(해발 3,954미터), 아름다운 정원 부차드 가든Butchart Gardens도 빠뜨리지 말고 꼭 둘러봐야 할 곳들입니다.

투어 멘티 : 캐나다 로키 관광은 밴프에서 시작됩니다. 아름다운 자연에 둘러싸인 작은 마을임에도 독특한 명성을 얻고 있는 것으로 압니다. 나름대로 이유가 있을 것 같은데, 어떤가요?

투어 멘토 : 밴프 국립공원은 세계에서 세 번째로 지정된 국립공원으로, 앨버타 주에서는 재스퍼 국립공원과 함께 로키의 대표적인 국립공원입니다. 히말라야를 연상케 하는 고봉준령들이 하얀 눈을

뒤집어 쓴 채 우뚝 서 있어요. 그 중심에 폐부를 찌르는 차가운 공기만큼이나 청명한 도시가 바로 밴프입니다. 울창한 나무숲과 그 아래에 나무숲을 거울처럼 맑게 비춰 주는 호수들이 무척이나 아름다운 곳이죠. 밴프 시내에 마련된 상가는 전 세계 관광객을 맞느라고 항상 바쁩니다. 전체 인구가 1만여 명에 불과한 이 소도시에 매년 수백만 명의 관광객이 찾고 있지요.

투어 멘티 : 밴프에서 설퍼 산 정상으로 올라가는 곤돌라는 무척 스릴이 있었습니다.

투어 멘토 : 심장이 약한 분들은 약간 무섭게 느껴질 만큼 빠른 속도로 올라갑니다. 창이 넓은 곤돌라를 타고 절경을 감상하다 보면 8분 만에 해발 2,285미터의 설퍼 산 정상 전망대에 이르게 됩니다. 전망대에는 밴프 시가지와 밴프 스프링스 호텔, 보우

만년설을 이고 있는 산봉우리, 에메랄드 빛 호수, 하늘을 찌를 듯한 침엽수림들이 한데 모인
로키 국립공원은 절정의 자연미를 보여준다.

폭포, 보우 강, 미네완카 호수 등 주변 풍경이 한눈에 들어옵니다. 언젠가 그림엽서에서 보았을 법한 풍경이 보일 겁니다.

　　7월은 '백야 시즌'이라서 밤 10시가 되어도 어둡지 않다. 일찍 잠자리에 들려고 하면 뭔가 빠뜨리고 잠자리에 드는 것 같은 기분이 느껴진다. 그럴 때는 수영장처럼 생긴 야외 유황 온천에 몸을 담근 채 하늘을 바라보며 피로를 푸는 것이 좋다. 야외 온천은 밤 10시까지 이용이 가능하며, 여행으로 지친 몸의 피로를 풀기 위해 세계 각국에서 온 여행자들이 온천물에 몸을 담근다. '릴렉스Relax'라는 말이 딱 어울리는 풍경이다.

투어 멘티 : 캐나다에서는 루이스 호수를 '세계 10대 절경' 중의 하나라고 자랑합니다. 캐나다 사람들의 과장된 표현이 아닐까요?

투어 멘토 : 눈앞에 루이스 호수가 펼쳐져 있다면 그런 말을 하지 않을 겁니다. 반신반의하던 사람들도 빙하가 녹아서 생긴 호수의 색깔을 보면 탄성을 지르곤 합니다. 옥색 빛은 사람의 감성을 자극하는 통로가 됩니다. 루이스 호수는 1882년에 발견되었는데, 그 당시에는 '에메랄드그린 호수'로 불리었다고 합니다. 해발 1,700미터에 있고, 수심은 70미터, 폭은 1.2킬로미터에 달합니다.

투어 멘티 : 그럼, 언제부터 지금의 이름으로 불리게 되었습니까?

투어 멘토 : 호수에 '루이스'라는 이름이 붙은 것은 1884년입니다. 영국 빅토리아 여왕의 9남매 가운데 인기가 많았던 넷째 딸 '루이스 캐롤라인 앨버타' 공주의 이름에서 따왔다고 알려져 있어요.

세계 10대 절경으로 꼽히는 캐나디안 로키 국립공원의
루이스 호수(Lake Louise).

그런데 재미있는 것은 루이스 공주 본인은 실제로 호수에 와보지도 않았다는 것이지요. 여름철에는 진한 녹색으로 빛나는 호수를 볼 수 있지만, 겨울철에는 호수가 얼어 그 빛깔을 감상할 수 없는 단점이 있어요. 호수 왼쪽으로는 페어뷰 마운틴, 오른쪽에는 세인트 피란이 호수를 감싸고 있으며, 호수 너머 안쪽으로 빙하 여섯 개가 모인 육빙원을 이루고 있어요. 그리고 호수 바로 옆에는 '샤토 레이크 루이스'라는 유명한 호텔이 있습니다. 1890년에 지었다고는 보기 어려울 정도로 멋있고 깨끗한 호텔입니다. 로비 카페에서 창밖으로 호수와 주변 산등성이를 보며 차 한 잔 마시는 호사는 오직 이곳에서만 즐길 수 있는 특권입니다.

투어 멘티 : 루이스 호수처럼 빙하 호수들이 녹색으로 보이는 것은 왜 그럴까요?

투어 멘토 : 빙하가 녹으면서 흘러내리는 물속에는 미네랄이 대량으로 함유되어 있어요. 햇빛이 비춰지면 녹색이 가장 두드러지게 보이는데, 특히 녹색은 반사각이 가장 높아요. 특히 루이스 호수의 아름다움은 8월이 절정이라고 하는데, 그 이유는 일 년 중에 호수가 옥빛으로 가장 진하게 변하는 시기라서 그렇습니다.

루이스 호수와 아쉬운 작별을 나눈 후 재스퍼를 향해 달려가던 차량들이 갑자기 탁 트인 곳에 다다른다. 자동차로 가득 차 있는 넓은 주차장이다. 길 건너편으로 큰 얼음 언덕이 보인다. 넓이가 325평방킬로미터나 된다는 컬럼비아 대빙원이다. 얼마나 큰지 감이 서질 않는다. 밴쿠버 시가 2개나 들어갈 정도의 크기라고 한다. 바퀴 한 개의 크기가 1.6미터나 되는 설상차Snow Mobile가 성냥갑처럼 보인다. 그때서야 이 빙하가 무지하게 큰 얼음덩어리라는 사실이 느껴진다. 설상차로 올라가서 보는 곳이 바로 아사바스카 빙하다. 우선 빙하 가까이 가는 버스를 터미널에서 타야 한다. 버스가 도착한 곳에는 환승 정거장이 있고, 그곳에서 설상차로 갈아타게 된다. 이 차는 빙하에 미끄러지지 않게 특수 제작한 차량으로 속도는 느리지만 40도가 넘는 급경사에도 차분히 관광객을 실어 나른다. 10여 분간의 엄청난 엔진 소리가 멈추면서 도착한 빙하는 그냥 얼음처럼 보였다. 언뜻 보면 그냥 빙판처럼 생겼다. 한여름의 태양빛을 받아 녹은 시냇물이 졸졸 흐르고 있다. 물은 매우 맑은데 흙먼지가 섞여 있어 사람들이 상상하던 맑고 깨끗한 얼음덩어리는 아니었다. 10분을 견디지 못하고 차로 돌아왔지만, 사람들이 해발 3,000미터가 넘는 산중에서 경험할 수 있는 몇 안 되는 빙하라는 말을 듣고는 출발을 아쉬워했다.

투어 멘티 : 빙하가 녹아서 흐르던 물이 갑자기 계곡에서 22미터 아래로 뚝 떨어지더군요. 빙하와 이름이 같은 아사바스카 폭포 Athabasca Falls라고 들었습니다. 캐나다 사람들 사이에는 "캐나다 동부 국경에는 나이아가라 폭포가 있고, 서부에는 아사바스카 폭포가 있다."라고 말할 정도로 자부심이 대단하더군요.

투어 멘토 : 그렇습니다. 폭포라는 이미지는 원래 흐르던 물길이 동시에 좌우 평행되게 떨어지는 것을 상상하게 됩니다. 그런데 이

곳 아사바스카 폭포는 좌와 우의 물줄기가 각기 다른 각도로 불규칙하게 떨어지면서 하얀 거품을 토해내며 장관을 연출합니다. 나이아가라 폭포는 배를 타고 지나야 할 정도 규모가 크지만, 이곳은 여러 곳의 전망대를 다리가 연결해 주고 있어서 폭포를 속속들이 들여다볼 수 있습니다.

투어 멘티 : 브리티시컬럼비아의 주도 빅토리아에 있는 부차드 가든도 명소라고 들었습니다. 형형색색의 꽃으로 뒤덮인 정원과 분수를 보기 위해 여성들이 즐겨 찾는다고 들었습니다.

투어 멘토 : 정원에 조금만 관심이 있는 여성이라면 누구나 마음을 빼앗길 정도로 아름다운 정원이지요. 꽃으로 뒤덮인 55에이커(약 22만 평방미터)의 정원을 걸을 수 있도록 연중무휴로 개방하고 있어요. 정원사와 사진작가, 그리고 '연인들을 위한 천국'이라는 문구가 전혀 낯설지 않게 느껴집니다. 초기의 정원은 1904년에 제니 부차드가 남편의 시멘트 사업으로 채굴되었던 옛 석회암 채석장을 아름답게 가꾸면서 시작되었지요. 몇 송이의 스위트피와 장미로 시작된 선큰Sunken 가든은 방문객들의 관심을 가장 많이 끄는 곳입니다. 지금은 연간 100만 명 이상이 방문하고 있고, 2004년에는 캐나다 정부에서 역사 유적지로 지정하기도 했지요. 50여 명의 정원사들이 백만 그루 이상의 꽃식물을 관리하고 있으며, 3월부터 10월까지 연속적으로 꽃이 피도록 세심하게 돌보고 있습니다.

투어 멘토의 여행 정보

- 밴프 국립공원(Banff National Park) _ 주소 : 224 Banff Avenue Banff, AB T1L 1K2 Canada / 전화 : +1 403-762-1550
- 재스퍼 국립공원(Jasper National Park) _ 주소 : 607 Connaught Drive Jasper, AB T0E 1E0, Canada / 전화 : +1 780-852-6162
- 부차드 가든(Butchart Gardens) _ 주소 : 800 Benvenuto Avenue, Brentwood Bay, BC V8M 1J8 , Canada / 전화 : +1 866-652-4422

오염되지 않은 신비의 땅 알래스카

투어 멘티 : 알래스카는 미국 본토와 떨어져 있어서 그런지 이름만 들어도 가고 싶은 충동을 느낍니다. 알래스카에는 어떤 매력이 있습니까?

투어 멘토 : 미국 서부의 자연에서는 느낄 수 없는 독특함이 있어요. 끝이 보이지 않는 거대한 빙하, 산 위를 덮고 있는 만년설, 북극의 광활한 툰드라, 대자연의 아름다움 속에서 뛰노는 야생 동물을 만날 수 있어요. 알래스카는 그야말로 거대한 땅입니다. 미국에서 가장 큰 주이며, 미국 본토의 1/5을 차지하고 있지요. 남북한을 합친 면적의 일곱 배에 달합니다. 3,000여 개의 강과 300만 개의 호수가 있고, 알래스카 산맥의 주봉인 동시에 북미 대륙의 최고봉인

매킨리McKinley 산이 있어요. 그래서 어떤 사람들은 알래스카를 지구상의 '마지막 개척지'라고 부른답니다.

투어 멘티 : 알래스카에 가면 무엇을 보고, 무엇을 해야 할지 모르겠어요. 알래스카 관광의 핵심을 짚어 주신다면 뭐가 있을까요?

투어 멘토 : 딱 세 가지만 하고 오세요. 해안가를 따라 빙하를 보시고, 경비행기를 타고 만년설을 둘러보시고, 연안 또는 호수에서 연어 낚시를 해보세요. 이 세 가지만 하고 가신다면 평생 잊을 수 없는 추억이 될 것입니다. 이 맛에 알래스카를 왔다는 감탄사가 절로 나올 거예요. 그런데 아주 일부이긴 하지만, 알래스카에 대해 재미있는 오해를 가지고 오시는 분들이 가끔 있어요.

투어 멘티 : 재미있는 오해라고요? 어떤 오해인지 궁금합니다.

투어 멘토 : 알래스카에 오자마자 에스키모와 이글루를 찾는 분들이 있어요. 안타깝지만 에스키모는 더 이상 얼음 위에 살지 않아요. 그리고 이글루는 박물관에 가야 볼 수 있죠. 또 알래스카에 가면 엄청나게 추울 것이라고 지레 겁을 먹고 여름에도 두꺼운 방한복을 입고 오시는 분들이 있어요. 하지만 여름에는 차에 에어컨을 켜야 할 정도로 날씨가 덥답니다. 또 어떤 분들은 바로 옆에 북극이 있을 거라고 생각하는데, 그렇지 않습니다. 북극은 앵커리지에서 600킬로미터나 떨어져 있거든요.

투어 멘티 : 그렇군요. 아까 꼭 해야 할 세 가지 중 하나인 빙하 관광은 남극과 북유럽, 알래스카 등 아주 제한된 곳에서만 할 수 있죠?

크루즈나 유람선을 타고 가며 끝없이 펼쳐지는 빙하는 정말 장관이더군요.

투어 멘토 : 맑은 물속을 헤엄치는 바다사자 무리를 보면서 유빙으로 가득 찬 수면 위를 항해할 때 가끔씩 맑은 하늘에서 때 아닌 천둥소리가 들리기도 합니다. 엄청난 크기의 빙산이 갈라지면서 바다 표면에 부딪히는 소리죠. 빙하가 쪼개지는 장관을 보지 않고서는 알래스카를 떠나지 않겠다는 분들도 있어요.

그런 분들은 프린스 윌리엄 사운드Prince William Sound의 빅토리아 빙하를 꼭 봐야 합니다. 전 세계에서 해안 빙하가 가장 빼곡히 밀집해 있는 곳입니다. 유람선 'Stan Stephen'을 타고 산 정상에서 수십 마일을 밀려 내려온 빙산이 수십 미터 높이의 빙벽에서 갈라져 떨어지는 광경은 지구상에서 볼 수 있는 최고의 장관

크루즈에서 내려 알래스카 내륙으로 가는 열차 여행은 운치 있는 주변 풍경 덕분에
상쾌하면서도 강렬한 느낌을 받는다.

중 하나죠. 게다가 알래스카 해안선에 서식하는 야생 동물을 가까이
서 볼 수도 있어요. 곰과 산양, 대머리 독수리, 그리고 물속을 다이
빙하며 헤엄치는 물개와 참돌고래, 바다사자 등을 볼 수 있어 자연
그대로의 생태 체험장이라고 할 수 있죠.

청명한 알래스카의 여름은 낚시하기에도 좋은 날씨다.

투어 멘티 : 미국 서부에서도 경비행기를 타는 관광 코스가 있습니다. 대부분은 좋아하는 편이지만, 사람에 따라서는 예상했던 것보다 감흥이 별로였다는 분들도 있어요. 알래스카의 경비행기 투어는 어떤가요?

투어 멘토 : 경비행기 투어는 알래스카의 극적인 아름다움을 보는 여행 중 최고로 꼽혀요. 옵션이 아니라 꼭 타봐야 해요. 하늘을

알래스카 빙하는 육지에 있는 빙하와 달리
해안선을 따라 형성되어 있어 더욱 웅장해 보인다.

날아오르면 눈이 시릴 만큼 하얀 대륙이 내 발 아래에서 펼쳐집니다. 사람이나 야생 동물의 흔적조차 없는 찌를 듯이 솟아 있는 산봉우리를 지나 문명화된 지역이 점점 멀어지며 희미해져 보이기 시작하지요. 특히 북미 최고봉 맥킨리 산을 돌아보는 경비행기 투어는 그중에서도 압권입니다. 옥석으로 수놓은 미로와 그 속에 감춰진 7마일에 걸친 무시무시한 크레바스와 얼음이 조화를 이루는 광경은 얼음 폭탄을 맞아 파괴된 잔해처럼 기막힌 전경을 자랑하지요. 미국 서부의 경비행기 투어와 다른 점은 비행 도중에 설산이나 꽁꽁 얼어붙은 거대한 호수에 착륙한다는 거예요. 만년설을 직접 만져볼 수도 있고, 끝없이 이어지는 설봉을 배경으로 평생토록 간직할 만한 사진도 찍을 수 있어요. 맥킨리 빙하에 착륙해 만년설이 덮인 맥킨리 산을 걸어본 사람들은 일생에 남을 진귀한 체험을 하게 되는 것이지요.

투어 멘티 : 알래스카에 가면 연어 낚시를 해보라는 말을 많이 들었습니다. 실제로 내 몸의 절반만한 연어를 잡았을 때는 그 짜릿함을 잊을 수가 없더군요.

투어 멘토 : 흔히 낚시는 '손맛'이라고 하지요. 대어를 낚을수록 그 짜릿함은 몇 배씩 더해지죠. 킹 연어를 낚아 보면 어떤 경험이나 관광보다도 더 짜릿하고도 즐거운 경험이 됩니다. 알래스카는 그런 경험을 해볼 수 있는 몇 안 되는 곳 중의 하나예요. 알래스카에는 34,000마일(10,300킬로미터)에 달하는 해안선과 셀 수 없을 정도로

많은 호수와 강이 있고, 그 어디든 가서 연어를 잡을 수 있어요. 세계에서 연어가 가장 많이 잡히는 키나이 강Kenai River으로 갈 수도 있고, 그 유명한 레이크 후드 수상 비행장Lake Hood Airfield에서 경비행기를 타고 한적한 강가에 도착해 낚시를 즐길 수도 있어요. 연어가 가장 많이 잡히는 곳은 타키트나Taleetna입니다. 그 밖에도 알래스카에서만 즐길 수 있는 특별한 경험은 개썰매를 타고 달리는 것과 겨울철에 오묘한 빛깔의 오로라를 관찰할 수 있다는 것입니다.

투어 멘토의 여행 정보

* 알래스카 관광청 홈페이지 : www.travelalska.com

한국의 천하대장군처럼 알래스카에도 원주민들의 토테미즘 신앙이 담긴 거대한 나무 조형물이 있다.

해안 빙하를 돌아보는 알래스카 크루즈는 전 세계 여행지 가운데
손에 꼽을 만큼 특별한 볼거리를 선사한다.

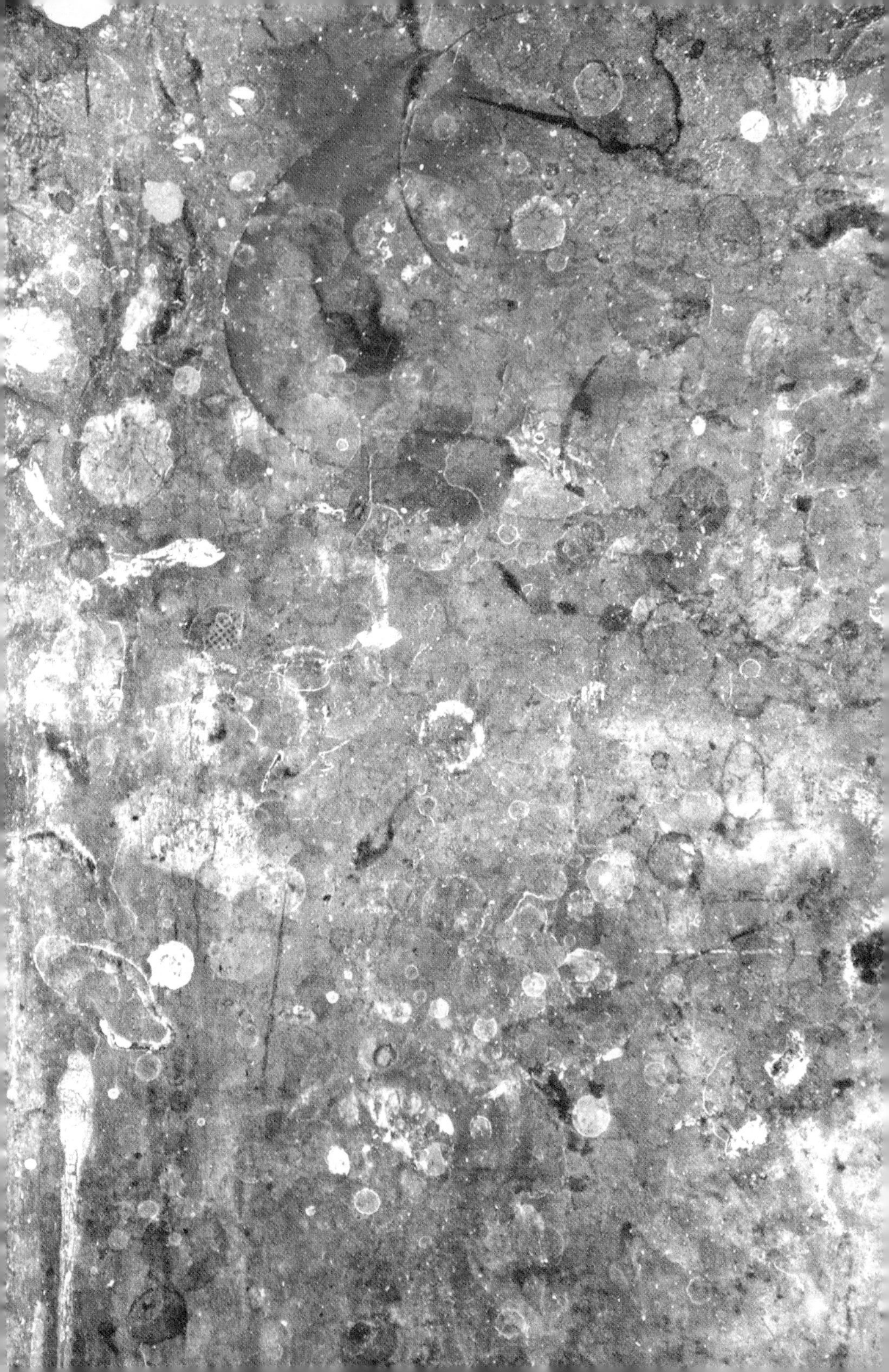

여행은 비움이라

비우기 위해 떠나지만 채워서 오는 것

여행은 비움입니다. 삶에서 누적된 압력이 우리를 눌러올 때 여행을 떠나면 뭔가 후련해지는 쾌감을 느낍니다. 다시 제자리로 오더라도 떠나기 전보다 생활의 무게가 한결 가벼워진 것을 알 수 있습니다. 인생은 비울 때 더 많이 채울 수 있게 됩니다. 그러니 더 많은 것을 채우기 위해 여행을 떠나려고 하지요. 다행히 이 세상에는 비움을 경험할 수 있는 여행지가 많습니다. 전화도 컴퓨터도 되지 않는 곳에서 잠시나마 세상을 잊고 '텅빈 충만'을 경험해 보세요.

죽음보다 아름다운 풍경 속으로

_ 데스밸리 국립공원

투어 멘티 : '데스밸리'를 떠올리면 '죽음'이라는 느낌이 강하게 다가옵니다. '죽음은 삶이 만들어낸 최고의 발명품'이라고 말한 스티브 잡스의 명언도 생각나게 만드는 곳입니다. 황량하기 짝이 없는 그곳에 가야 하는 이유가 있나요?

투어 멘토 : 아무 것도 없습니다. 그래서 다 있습니다. 역설의 진리라고 할까요. 죽음의 골짜기는 신비롭습니다. 지구상에서 가장 낮은 곳, 북미에서 가장 뜨거운 곳, 도저히 생명체라고는 살 수가 없는 곳이지만 그래도 봄이 오면 야생화가 만발한 들판을 보여줍니다. 한마디로 죽음보다 강한 생명의 힘을 보여주는 곳이죠.

투어 멘티 : 한국에서 오신 분들 중에는 데스밸리의 황량한 풍경

이 오히려 이국적인 느낌을 준다면서 좋아하는 사람들이 있습니다.

투어 멘토 : 아마도 데스밸리가 미국 서부의 일반적 자연 환경과는 상당히 다른 풍경과 볼거리를 지녔기 때문이 아닐까요? 최고 기온이 50도를 넘나드는 사막 지대, 염호鹽湖가 증발하여 생겨난 거대한 소금 평원 배드 워터Bad Water와 악마의 골프 코스Devil's Golf Course, 모래사막 같은 샌드 듄스Sand Dunes, 자브리스키 포인트Zabriskie Point 등이 한곳에 모여 있는 것 자체가 신기할 정도니까요.

투어 멘티 : 듣고 보니 '사막은 우물을 감추고 있기 때문에 아름답다'는 생텍쥐페리의 소설 「어린 왕자」 속 글이 생각납니다. 여름에는 너무 더워서 갈 수 없고, 주로 겨울철에만 가야 한다고 들었습니다.

투어 멘토 : 그렇습니다. 여름철에는 가면 안 되고, 11월부터 4월까지가 가장 좋습니다. 골드러시로 사람들이 황금을 찾아 몰려오던 어느 여름, 데스밸리로 길을 잘못 들어 거의 죽다 살아난 것 때문에 '죽음의 계곡Death Valley' 이라 불리게 됐어요. 참고로 데스밸리의 최고 기온은 1913년 7월에 기록한 화씨 134도(섭씨 56.7도)였습니다.

투어 멘티 : 데스밸리가 사막인데도 소금 평원이 있는 등 지질학적으로 상당히 다른 특성을 가진 것으로 알고 있습니다.

투어 멘토 : 데스밸리의 남북 길이는 225킬로미터이고, 폭은 6~26킬로미터에 달합니다. 이 지역은 2억 년 전에는 해저에 있었고, 3500만 년~500만 년 전 사이에 현재와 같은 지형을 갖게 됐다고 합니다. 계곡 내부는 바닷물이 고인 호수였는데, 기후 탓에 메마

데스밸리의 샌드 듄스는 바람이 불면 형태가 시시각각으로 바뀌는 고운 모래 언덕이다.

른 땅으로 변해 지금의 데스밸리가 되었다고 해요. 가장 낮은 지점인 배드 워터Badwater는 해수면보다 282피트(86미터) 낮고, 1,000피트(305미터) 두께의 소금층으로 덮여 있습니다.

　투어 멘티 : 데스밸리를 찾는 사람마다 최고로 꼽는 게 다른데, 이유가 뭘까요?

　투어 멘토 : 누군가는 샌드 듄스의 하얀 모래 언덕을 가장 볼만한

북미 대륙에서 가장 낮은 지점인 배드 워터.

것으로 꼽고, 어떤 사람은 데스밸리 서북쪽에 있는 레이스 트랙이라는 곳을 꼽아요. 레이스 트랙은 '무빙 락'이라는 별칭답게 사막에 자국을 내면서 돌이 움직이는 곳이지요. 일부는 자브리스키 포인트나 배드 워터를 가장 좋아해요. 샌드 듄스를 꼽는 이유는 사람들이 어려서부터 사막이라는 개념이 사하라 사막 같이 모래만 있는 모습을 떠올리는데, 실제로 그런 모습을 한 곳이기 때문이죠. 모래가 쌓여 있는 게 그림같이 아름답죠. 갈 때마다 사진가들을 볼 수 있는 곳이지요. 레이스 트랙은 땅이 경사진 상태에서 적은 강우량임에도 이로 인해 크고 작은 바위가 신기하게도 이동해서 자국을 남겨요. 또 다른 사람들은 죽음의 계곡에서 우주의 환희를 볼 수 있다고 좋아합니다. 주위에 불빛이 없어서 오히려 밤하늘의 은하수를 마음껏 감상할 수 있지요.

배드 워터는 북미 대륙에서 가장 낮은 곳이고, 인근에 있는 휘트니 산은 14,500피트(4,420미터)로 미국 본토에서 가장 높은 산이라서 사람들은 극과 극을 한꺼번에 볼 수 있다며 좋아한다. 900여 종에 달하는 식물 중에는 희귀종도 20여 종이나 되며, 초봄에는 야생화가 만발하여 화려한 경치를 자랑한다. LA에서는 300마일 가량 떨어져 있고(자동차로

바위로 만든 계곡이 한 눈에 들어오는 자브리스키 포인트는 데스밸리의 또 다른 이색 풍경을
조망할 수 있는 곳이다.

6시간), 여름에는 화씨 120도(섭씨 49도), 봄가을에도 90도(섭씨 32도)를
넘나든다. 주말에는 숙박할 곳을 미리 예약하고 가는 게 좋다. 자동차는
기름을 가득 채워야 하고, 부족하다면 비싸더라도 숙박하는 주유소에서
꼭 넣어야 한다. 황량한 사막 근방이라 주유소 찾기가 매우 어렵다.

* 문의 : 방문자 센터 (760)786-3200, 스코티스 캐슬 (760)786-2392
* 홈페이지 : nps.gov/deva

● **스토브파이프 웰스**Stovepipe Wells, **모자이크 캐년**Mosaic Canyon _
공원 입구에 보이는 곳이 스토브 파이브 웰스다. 옛날에 우물이 있었던
곳이 지명이 됐다. 물이 있으니 관광객을 위한 숙박 시설이 생겼고, 교
통의 요지가 됐다. 남쪽으로 2.4마일(3.8킬로미터)을 내려가면 홍수로

해발보다 낮은 데스밸리 주변에는 병풍처럼 둘러싼 산들이 더욱 웅장하게 느껴진다.

인해 깎인 계곡 입구가 나타나고, 더 내려가면 깎인 절벽이 양쪽으로 웅장한 모습을 보이는데 이것이 모자이크 그림 같다고 한다. 이곳에서 숙박하는 동안에는 밤하늘을 쳐다보자. 사막의 오아시스에서 보는 별밤을 체험할 수 있을 것이다. 다른 마을의 이름은 퍼니스 크릭Furnace Creek으로 캠핑장이 마련되어 있다.

● **샌드 듄스**Sand Dunes _ 진짜 사막 분위기가 나는 곳이다. 가장자리에는 관목과 풀도 있지만 대부분은 모래로만 이뤄져 있어서 길을 잃기 쉬울 정도다. 여름에는 너무 뜨거워서 근처에도 가기 어렵다. 대표적인 사진 촬영 장소로 그림자가 낮게 걸리는 물결무늬 그림자가 보이는 일몰과 일출 때 사람들이 가장 많이 몰린다.

● **텔레스코프 피크**Telescope Peak _ 마호가니 플랫 캠핑장에서 하이

킹으로 7마일(11.2킬로미터)을 더 올라가면 만나는 최고봉(3,063미터)이
다. 겨울철에는 눈이 깊다.

• **단테스 뷰**Dante's View _ 단테의 신곡에 나오는 지옥 같다고 해서
붙은 이름이다. 차를 타고 5,475피트(1,669미터)의 봉우리로 올라가면
계곡의 중요한 부분들을 모두 볼 수 있고, 하얀 소금밭인 배드 워터를
위에서 내려다보며 즐길 수 있다.

• **스코티스 캐슬**Scotty's Castle _ 1920년대에 백만장자가 자신의 친
구인 스코티에게 자금을 대서 스패니시풍의 별장을 지었는데, 1970년
에 국립공원에 인수되어 관광 명소가 됐다.

• **테코파 온천**Tecopa Hot Springs _ 목욕탕 스타일의 온천으로 남녀
출입구가 다르다. 철철 넘치는 맑고 깨끗한 미네랄 온천수가 좋다. 관절
염, 신경통, 피부 질환에 효험이 있다고 한다. 사막에서 없어졌던 수분
이 이곳으로 다시 올라오는 것일지도 모른다는 생각이 든다.

• **배드 워터**Bad Water _ 데스밸리를 대표하는 곳이 배드 워터다. 서
반구에서 가장 낮은 곳이라고 하는데, 가장 더운 때는 소금이나 바위
표면의 온도가 화씨 200도까지 오른다고 한다. 섭씨로는 무려 93도다.

• **자브리스키 포인트**Zabriskie Point _ 퍼니스 크릭에서 190번 동쪽으
로 달리다 보면 나오는 전망대. 사방이 탁 트여서 데스밸리가 한눈에
들어온다. 바위로 만든 계곡밖에 없지만 전경이 아름답다.

두 팔 벌린 선인장과 기묘한 바위산

_ 조슈아 트리 국립공원

투어 멘티 : 머릿속이 복잡한 사람, 모든 걸 내려놓고 아무 생각 없이 다녀오고 싶은 사람, 인생의 터닝포인트를 만들고 싶은 사람에게 권하고 싶은 여행지로는 어떤 곳이 있을까요?

투어 멘토 : 황량한 데스밸리만큼이나 이국적인 풍경을 자랑하는 조슈아 트리 국립공원Joshua Tree National Park을 추천합니다. 그곳에는 하늘을 향해 두 팔 벌린 선인장 나무들이 80만 에이커(3,237제곱킬로미터)의 방대한 사막에 끝도 없이 펼쳐져 있어요. 이들 선인장들이 기묘한 바위산과 함께 절묘한 풍경을 연출하고 있어요. 고원에 웅장하게 펼쳐진 나무 군락, 높고 낮은 기암괴석, 청명한 하늘, 깨끗한 공기, 완벽한 평화와 때가 묻지 않은 아름다움은 속세에 찌든

현대인에게 내려놓음을 생각하게 하는 기막힌 장소입니다.

투어 멘티 : 이런 이유 때문에 이곳을 찾는 사람들의 행렬이 끊이지 않는군요.

투어 멘토 : 해가 뜨는 순간과 해가 질 무렵의 황금빛에 반사된 사막과 나무의 이미지는 지구상에 속하지 않은 것처럼 신비로움으로 가득합니다. 심신이 복잡한 사람들이 많이 찾기도 하지만, 이곳의 신비로운 순간을 포착하려는 사진작가들이 자주 찾는 곳이기도 하지요.

투어 멘티 : 조슈아 트리는 한글로 여호수아 나무인데요, 어떻게 이런 이름이 붙었나요?

투어 멘토 : 1851년에 한 모르몬교도가 이곳을 여행하다가 기묘한 모양의 나무를 발견했지요. 신앙심이 강한 그는 하늘을 향해 두 팔을 벌린 나무의 모습을 보고 성경에 나오는 여호수아를 연상하여 그런 이름을 붙였다고 해요. 조슈아 트리는 30피트(9미터)까지 자라며, 종에 따라 1000년을 산다고 합니다. 전설의 아더 왕이 캐멀롯에서 재판을 열었을 때도 이 나무가 있었다는 이야기가 전해져 오고 있어요. 1936년부터 내셔널 모뉴먼트(National Monument : 국가 지정 기념물)로 보호 관리되어 오다가 1994년에 국립공원으로 지정됐습니다.

투어 멘티 : 조슈아 트리 군락지는 네바다 지역과 캘리포니아, 애리조나, 유타 일부에서만 볼 수 있지요? 식물학적으로도 주목을 받고 있고, 꽃이 피는 것도 다르다고 들었습니다.

두 팔을 벌리고 있는 선인장과 바위, 초원의 풍경이 아름다운 조화를 이루고 있다.

투어 멘토 : 그렇습니다. 조슈아 트리는 고도에 따라 피는 꽃의 종류가 달라요. 해발 1,000~3,000피트(305~914미터)의 저지대에서 자라는 유카 선인장은 3월 중순부터 4월 초순까지 꽃이 피며, 다른 종류의 선인장에서는 4월 초부터 만개합니다. 해발 3,000~5,000피트(914~1,524미터) 지역에서 자라는 조슈아 트리는 3월 말부터 꽃이 피고, 이 지대의 선인장은 4월 중순부터 꽃이 핍니다. 봄이면 조슈아 트리 국립공원 남쪽에는 파피, 캔터베리, 나팔꽃 등의 야생화가 떼를 지어 피어나 장관을 이룹니다.

투어 멘티 : 조슈아 트리 국립공원에서 빠뜨리지 말아야 할 유명 관광지는 어디인가요?

투어 멘토 : 커다란 바위들이 자리를 잡고 있는 히든 밸리Hidden Valley, 옛 금광 지대였던 로스트 호스 마인Lost Horse Mine, 팜스프링스와 인디오 시 전경을 내려다보는 뛰어난 전망의 키스 뷰Keyes View, 희귀한 선인장 정원 촐라 칵투스 가든Cholla Cactus Garden 등이 대표적인 곳이라라고 할 수 있어요. 만약 하루 이상 시간을 보낼 계획이라면 하이킹 트레일에 올라볼 것을 적극 추천합니다. 여행 정보를 알려 주는 레인저 프로그램에 참가해도 좋습니다. 특히 10월부터 이듬해 5월까지 열리는 키즈 랜치Keys Ranch 워킹 가이드 투어에 참가해 보면 좋습니다.

투어 멘티 : 이곳에서 캠핑을 하신 분들이 환상적인 체험이라며 적극 추천하더군요.

투어 멘토 : 조슈아 트리 국립공원에는 캠프파이어와 테이블 등 다양한 시설을 갖춘 캠프그라운드가 있어요. 한밤중에 모닥불을 피워 놓고 사막의 신비를 온몸 가득히 느껴보는 것도 소중한 경험이 되지요. 기묘한 바위를 붙잡고 암벽타기를 즐기거나 마운틴 바이크를 타는 분들도 한적하고 안전하게 즐길 수 있는 곳이 여러 곳 있어요.

투어 멘토의 여행 정보

- 조슈아 트리 국립공원 _ 문의 : (760)367-5500
  * 홈페이지 : www.nps.gov/jotr

열하나

여행은 쉼표다

일상에서 벗어나 놀고, 먹고, 쉬는 것

AIR MAIL

여행은 쉼표입니다. 여행하면 'Relaxation', 'Vacation'이란 말을 떠올립니다. 먼 길을 가다가 지치면 잠시 쉬면서 숨을 돌리듯 여행도 그런 역할을 합니다. 인생도 쉼이 필요합니다. 하루의 1/3은 반드시 잠을 자거나 휴식을 취해야 합니다. 이런 쉼을 통해서 새로운 인생을 열고 활력을 얻을 수 있습니다. 일상에서 벗어나 쉬고, 놀고, 먹고, 자고, 휴식하고, 즐기는 여행은 우리의 팍팍한 삶에 쉼표가 됩니다.

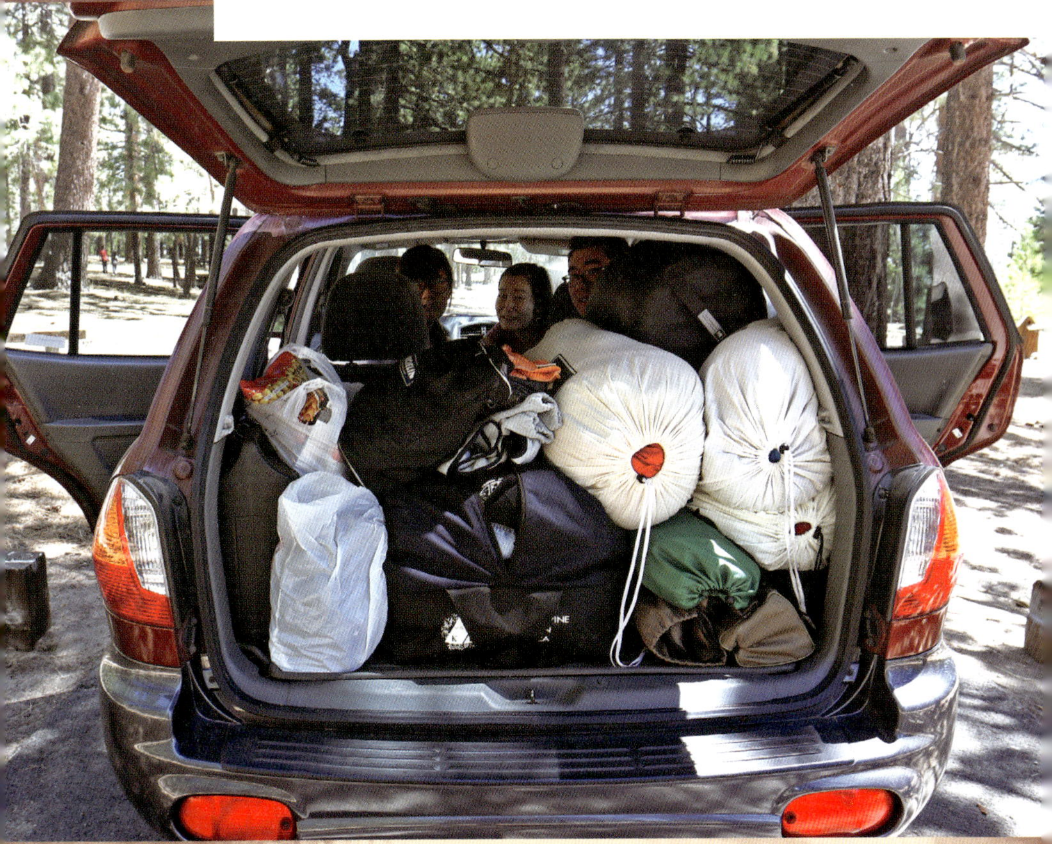

커피의 도시, 시애틀에서 잠 못 이루다

_ 스타벅스 커피 1호점, 시애틀 공립 도서관

투어 멘티 : LA의 코리아타운은 미국 내에서도 단위 면적당 가장 많은 커피숍이 있는 곳으로 알려져 있습니다. 한국에서는 토종 커피 브랜드가 시장 점유율 1~2위를 다투고, 한 집 건너 커피숍이 있을 정도로 한국인들의 커피 사랑은 유난합니다. 최근에는 수제 커피의 인기가 높아지고, 바리스타 자격증을 직접 취득할 정도로 커피에 대한 관심이 높아지고 있지요. 이처럼 유별난 커피 팬들을 위해 미국에 와서 커피 관광을 할 수 있는 곳은 어디일까요?

투어 멘토 : 스타벅스, 시애틀즈 베스트 커피, 튤리스, 토레파치오네……. 한 번쯤 들어봤을 만한 이 거대한 커피 체인점들이 탄생한 도시입니다. 어디일까요? 끝부분이 바늘처럼 뾰족한 탑이 우주

'커피의 도시' 시애틀 파이크 플레이스 마켓에 있는 스타벅스 1호점에는
전 세계에서 온 관광객으로 항상 붐빈다.

를 찌르고 있고, 커피 냄새가 도시 전체에 진동할 것 같은 도시, 바로 시애틀입니다. 아침 출근길에 에스프레소를 시켜 놓고 카운터에 서서 담배를 피우며 마시는 이탈리아 카페의 풍경을 미국 특유의 상업주의와 마케팅 전략으로 바꾸어 놓은 곳이지요. 재즈 음악이 흐르는 카페 안 편안한 소파에 앉아 종업원의 친절한 서비스를 받으며 커피를 마시거나 커다란 종이 컵에 테이크아웃을 주문하는 모습으로 바꾸어 놓았습니다. 소위 아메리칸이 아닌 유럽풍의 짙은 에스프레소 커피를 마실 수 있는 가게가 바로 이곳 시애틀에 속속 등장했고, 마침내 큰 붐을 일으키며 미국 전역으로 퍼져 나갔습니다. 그 시작점이라고 할 수 있는 곳이 바로 파이크 플레이스 마켓Pike Place Market에 있는 '스타벅스 1호점'입니다. 커피 애호가의 성지로서 지금도 전 세계 관광객들이 찾아가는 곳이지요. 시애틀에서는 지금도 여러 브랜드의 새로운 카페가 속속 문을 열고 커피를 둘러싼 치열한 싸움이 한창입니다. 이런 이유로 시애틀을 '커피의 도시', 그래서 '잠 못 이루는 도시'라고 부를 수 있습니다.

투어 멘티 : 시애틀이 이처럼 커피의 도시로 불릴 만큼 많은 시민들이 커피를 즐기는 이유는 무엇일까요?

투어 멘토 : 일 년에 200일 이상이 안개와 비에 덮여 있는 스산한 날씨, 보잉사와 마이크로소프트에서 일하는 엔지니어 등 지적인 인구 구성, 국경 너머 밴쿠버와의 교류 등이 이 도시의 막대한 커피 소비량을 만들어냈다고 볼 수 있습니다. 지금은 스타벅스, 시애틀스 베스트 커피, 툴리스 등이 서로 경쟁하며 앞서가기 때문에 세계의 커피 문화를 선도하는 도시가 되었습니다.

투어 멘티 : 파이크 플레이스 마켓 바로 앞에 있는 스타벅스 1호점은 몇 번 방문했지만, 참으로 감흥이 새롭더군요. 갈 때마다 전 세계 관광객으로 발 디딜 틈이 없는 게 유감이지만, 그것마저도 원조의 품격을 더해 주는 느낌을 받습니다.

투어 멘토 : 전 세계 스타벅스 중에서 오리지널 로고(가슴을 드러낸 갈색의 인어)를 달고 있는 유일한 가게이지요. 그 앞에서는 번쩍이는 은색 더블베이스의 밴드 등 로컬 뮤지션들의 공연이 이어지고 있습니다. 세계 최대의 커피숍 체인 스타벅스는 1971년 시애틀의 웨스턴 애비뉴에 처음으로 문을 열었습니다. 샌프란시스코에서 새로운

커피 문화를 만들고 있던 피츠 커피Peet's Coffee의 영향을 받아 싸구려 아메리칸 커피의 나라를 뒤집기 위한 첫 발을 내디뎠지요. 이 원조점은 1977년에 자리를 옮겨 지금은 파이크 플레이스 마켓에 자리를 잡고 있지요. 이곳에서 10분 정도 떨어진 곳에 스타벅스 본사 건물이 있어요. 물론 투어도 가능해서 시애틀에 오는 분들은 꼭 한 번씩 들리곤 합니다.

투어 멘티 : 최근에는 스타벅스의 아성에 도전하는 커피숍들이 많다고 들었습니다.

투어 멘토 : 스타벅스는 멀겋기만 하던 아메리칸 커피를 뒤집었지만, 너무 성공한 때문인지 이제는 심심하기 그지없는 스탠더드가 되어 버렸습니다. 시애틀이 진짜 커피의 도시인 이유는 스타벅스 따위는 커피로 취급하지 않는 진정한 커피 마니아들을 위한 독립 카페들이 즐비하기 때문입니다. 거대 커피 체인에 맞서 생겨나고 있는 독립 커피Independent Coffee는 국가가 아니라 농장 단위로 원두를 구매하고, 커피의 공정 거래를 중시하며, 지역 커뮤니티에 밀착

 **투어 멘토의 여행 정보**

- 스타벅스 커피 1호점 _ 주소 : 1912 Pike Place. Seattle
- * 홈페이지 : www.starbucks.com

바닷가 바로 옆에 형성된 시애틀 다운타운은 미국 대도시 가운데서도 가장 쾌적하다.

해 다양한 개성을 만들어내는 커피 로스터리와 카페를 말합니다. 이들의 본거지가 바로 캐피톨 힐Capitol Hill입니다. 시애틀이 펑크 록의 성지인 만큼 뮤지션들과 활발한 교류를 하고 있다는 점도 이들 카페의 또 다른 특징입니다. 시애틀에서 가장 오래된 카페 중의 하나이며, 펄 잼이 밴드 이름을 만들어낸 장소이기도 한 비앤오 에스프레소B&O Espresso, 펑크 록에서부터 드랙 쇼까지 각종 공연을 보려는 관객이 길거리까지 흘러넘치는 커피 메시아Coffee Messiah, 높은 천장을 책으로 가득 채운 바우하우스Bauhaus 등 개성 넘치는 카페들은 커피 마니아를 위한 순례 여행으로도 그만입니다.

투어 멘티 : 커피 때문에 잠을 못 이루는지, 잠을 못 이루다 보니 커피를 마시게 되었는지 알 수 없지만, 어쨌든 시애틀 시민들은 불면의 밤을 보내기 위해 책에 심취해 있는 것 같기도 합니다. 세계 최대의 온라인 서점 아마존도 시애틀에서 시작됐다고 들었습니다.

투어 멘토 : 일 년 365일, 24시간 끊임없이 흐르는 책의 강, '아마존 닷컴Amazon.com'은 시애틀에서 창업했어요. 아마도 깨어 있는 시간도 많다 보니 아이디어를 많이 연구하는 것이겠지요. 1990년대 중반 사업가 제프 베조스는 뉴욕에서 시애틀로 차를 몰고 오던 중 한 가지 아이디어를 떠올리게 됩니다. 일과 시간에 책을 살 수 없는 직장인이 언제든 살 수 있도록 인터넷에 서점을 만들겠다는 아이디어를 생각해냈지요. 이렇게 시작한 아마존 닷컴은 2년 만에 세계 최대의 서점으로 자리 잡았고, 지금은 전 세계 160개국의 수천만 독자들에게 24시간 책을 판매하고 있습니다. 시애틀 시민들의 독서 생활을 엿보려면 시애틀 라이브러리로 가야 해요. 도서관이 관광 명소가 되는 도시는 미국에서도 매우 드물답니다.

● **시애틀 공립 도서관**Seattle Public Library _ 건축가 렘 쿨하스Rem Koolhaas를 중심으로 만들어져 2004년에 문을 열었으며, 지금은 스페이스 니들과 더불어 시애틀을 대표하는 건축물이 되었다. 도서관 건물로는 이례적으로 매우 독특한 디자인을 하고 있다. 마치 잘려진 블록들이 엇갈려 있는 듯한 느낌이고, 외부에서는 번쩍이는 은빛이 사람들의 시선을 끌고, 내부에서는 부드럽고 따뜻한 자연 채광이 새로운 독서 환

끝부분이 바늘처럼 우주를 향해 솟은 '스페이스 니들' 앞쪽에는 분수대가 시원한 물을 쏘아 올린다.

경을 제공해 준다. 듀이 시스템에 따라 같은 분류의 책이 여러 층의 서
가로 나뉘는 것을 막기 위해 디자인된 나선형의 논픽션 서가Books
Spiral도 시선을 잡아끈다. 145만 권의 다채로운 장서를 갖추고 있으며,
인터넷으로 대출 신청을 하여 읽고 난 뒤 24시간 개방된 반납함에 책을
넣으면 자동 컨베이어가 서고로 책을 보내는 시스템 역시 밤을 잊은 도
시답다.

* 주소 : 1000 Fourth Ave. Seattle, WA 98104
* 홈페이지 : www.spl.lib.wa.us

투어 멘티 : 시애틀은 음악의 도시이기도 합니다. 프랭크 게리가
건축한 록 음악 박물관인 '익스피리언스 뮤직 프로젝트'는 음악을
좋아하는 사람이라면 꼭 들러야 할 곳으로 알려져 있지요?

투어 멘토 : 전설적인 록 기타리스트 지미 헨드릭스가 여기에서
태어났고, 이 박물관에는 미국 팝 음악의 역사와 뮤지션에 관한 각
종 자료가 보관되어 있습니다. 이 도시에는 너바나, 앨리스 인 체인
즈, 펄잼, 사운드가든 등 쟁쟁한 사운드 밴드들의 흔적을 곳곳에서
발견할 수 있어요.

투어 멘티 : 그 밖의 관광 명소를 알려 주세요.

투어 멘토 : 시애틀의 가장 큰 장점은 도시의 규모가 크지 않아서
명소들이 가까운 곳에 모여 있다는 겁니다. 가벼운 차림으로 걸어
다니거나 모노레일을 타면서 현대적이고 쾌적한 도시의 분위기를
만끽할 수 있어요. 끝 부분이 바늘처럼 우주를 향해 솟아 있는 스페

이스 니들Space Needle, 젊은 시절을 이곳에서 보낸 이소룡의 시신이 안장되어 있는 레이크뷰 묘지Lakeview cemetery, 아일랜드 투어와 맛있는 게를 먹을 수 있는 워터 프런트Waterfront, 단일 공장 건물로는 세계 최대인 보잉사 투어 등을 할 수 있어요. 교외에 울창한 산림과 짙은 안개가 만들어내는 몽환적인 분위기 때문에 초현실 판타지 영화들이 이곳에서 촬영되고 있어요.

투어 멘토의 여행 정보

- 스페이스 니들 _ 주소 : 400 Broad st. Seattle, WA 98109
  * 홈페이지 : www.spaceneedle.com
- 보잉사 투어 _ 주소 : 3003 W. Casino Rd. Everett
  * 홈페이지 : www.boeing.com

캠핑 천국에서 대자연을 느끼다

_ 캘리포니아 캠핑장

투어 멘티 : 역사를 보려면 유럽으로, 자연을 보려면 미국으로 가라는 말이 있습니다. 대자연을 가장 운치 있게 즐길 수 있는 방법은 아무래도 캠핑카 여행이 아닐까요?

투어 멘토 : 미국의 역사를 폄하하는 유럽인들의 내밀한 소원 가운데 하나는 '은퇴하면 캠핑카를 타고 미국 서부를 일주하리라!'라는 것입니다. 실제로 여행지를 다녀보면 캠핑카를 타고 대륙 횡단에 나선 유럽인들을 자주 만날 수 있습니다. 미국에는 국립공원 58개를 포함해서 연방 정부가 관리하는 공원만 해도 400여 곳이 넘습니다. 이들 공원에 마련된 캠핑장은 셀 수 없을 정도로 많습니다. 울창한 삼림 속에서 가족과 함께 보내는 캠핑은 대자연이 주는 최

고의 선물이 아닌가 싶습니다. 아이들이 커 갈수록 가족으로서의 공통분모가 적어지는 것이 현실이죠. 가족 간의 연대감을 회복하기에 캠핑만한 것이 없다고 생각합니다. 부모들은 잠시나마 직장 일에서 떠날 수 있고, 아이들은 게임기에서 벗어나 자연과 함께 뛰노는 것이 캠핑입니다. 캠핑은 우리들로 하여금 단순하게 사는 것이 무엇인지, 그리고 자연으로 돌아간 삶이 무엇인지를 실감할 수 있도록 도와줍니다.

투어 멘티 : 캠핑을 제대로 즐기려면 무엇을 어떻게 준비해야 할까요?

투어 멘토 : 그런 생각마저도 인공적인 것이 아닐까요? 그냥 준비 없이 떠나면 됩니다. 심심하다거나 지루하다는 생각이 들 때쯤이면 아이들의 놀라운 적응력을 보게 될 것입니다. 나무 모으기, 불 지피기, 불장난하기, 나무타기, 물장구치기, 별보기, 땅파기, 술래잡기 등 이 모두가 재미있는 놀이가 됩니다. 캠핑장에서는 텔레비전을 보거나 쇼핑을 하는 대신 하는 일 없이 온종일 몸을 움직여야 합니다. 우리는 '재미 과잉의 시대' 에 살고 있다는 사실을 알아야 합니다.

● **파이퍼 빅서 스테이트 파크**Peeiffer Big Sur State Park _ 레드우드 숲이 해안도로를 만나 끊어지고, 그 아래에 푸른 태평양과 맞닿아 있다. 캘리포니아 서부 해안을 따라 이어지는 1번 도로 전체가 절경의 향연이다. 바다로부터 솟은 절벽에 부딪쳐 하얀 거품이 이는 파도는 나를 부르는 손짓처럼 느껴진다. 절벽에서 바다로 떨어지는 유명한 폭포수 맥

'캠핑의 천국' 미국 캘리포니아를 여행하면서 가족이 하나가 되는 체험은 캠핑만한 것이 없다.

웨이 폭포MacWay Falls가 있는 줄리아 파이퍼 번스 스테이크 파크다. 이곳에서 12마일 북쪽으로 가면 파이퍼 빅서 스테이트 파크가 나온다. 1번 국도 최고의 경치를 자랑하는 빅서에 위치한 캠핑장으로, 산과 바다와 강이 만나는 천혜의 자연 조건으로 다양한 야외 활동을 즐길 수 있다.

* 주소 : Big Sur station #1. Big Sur CA 93920
* 예약 : www.reserveamerica.com

● 아이딜와일드 카운티 캠핑장Idyllwild County Park Campground _ 리버사이드 카운티의 산속 마을 아이딜와일드에 근사한 캠핑장들이 많다.

숲속의 호수 사이로 비친 해를 쳐다보는 것만으로 마음이 정화된다. '재미 과잉의 시대'를 추구하는
현대인이 대자연 속에 몸과 마음을 맡겨 보는 것도 좋다.

평균 해발 고도가 6,000피트(1,829미터)에 이르는 이 마을 주위는 세쿼이아 국립공원 못지않은 삼림으로 유명하다. 샌 하신토 주립공원과 국유림관리소 리버사이트 카운티가 각각 관리하는 캠핑장이 많다. 202에이커(817,465평방미터)의 계곡에 83개의 사이트가 있으며, 아름드리 소나무와 향나무가 하늘을 찌르는 심산유곡의 분위기를 물씬 풍긴다. 캠핑장 내에 그 옛날 인디언들이 새겨 놓은 암각화도 있고, 필요한 물건은 마을 마켓에서 살 수 있어 더할 나위 없이 편리하다. 수세식 화장실과 더운물 샤워가 가능하다.

* 주소 : 54000 Riverside County Playground Rd. Idyllwild, CA 92549

* 예약 :

www.riversidecountyparks.org

● **허키 크릭 캠핑장**Hurkey Creek Campground _ 아이딜와일드 남쪽 헤밋 호수Hemet Lake 건너편에 있으며, 텐트를 칠 수 있는 사이트는 119개다. 캠핑장 가운데 넓은 잔디밭이 조성되어 있

어 어린 아이를 동반한 가족들에게 제격이다. 그늘도 많아서 인기가 높다. 이곳 역시 수세식 화장실과 동전으로 작동하는 더운물 샤워를 할 수 있다.

* 주소 : 56375 Highway 74 Mountain Center
* 예약 : www.riversidecountyparks.org

● **카추마 레이크**Cachuma Lake _ 산타바버라 북서쪽에 위치한 카추마 레이크에는 420개에 달하는 가족 캠핑장을 비롯해서 캠핑카와 그룹 캠핑장 등 캠핑 시설이 다양하다. 중앙아시아 유목민들의 이동식 텐트처럼 지은 유르트Yurt나 캐빈도 근사하다. 가족 캠핑장은 선착순으로 이용할 수 있다. 낚시, 수영, 보트, 크루즈 등 다양한 놀이를 즐길 수 있다.

* 주소 : 2225 Highway 154. Santa Barbara, CA 93105
* 문의 : (805)686-5055

● **레오 카리요 비치**Leo Carrillo State Park _ 아담한 해변과 동굴이 어우러져 멋진 풍광을 즐길 수 있는 캠핑장이다. 산타모니카에서 1번 국도(PCH)를 타고 28마일(45킬로미터)쯤 북쪽으로 올라가면 오른쪽에 주립공원이 나온다. 이곳은 사철 가족 캠핑장으로 인기가 높은 곳. 캠핑장에서 해변으로 걸어갈 수도 있다. 1.5마일(2.4킬로미터) 길이의 해변에서 수영과 서핑, 낚시, 윈드서핑 등을 즐길 수 있다. 그늘 좋은 아름드리 시커모어 나무 아래 135개의 가족 캠핑 사이트가 있다. 캠핑장 예약은 7개월 전부터 예약이 가능하다.

* 주소 : 35000 W. Pacific Coast Highway. Malibu, CA 90265
* 예약 : www.reserveamerica.com

• **그레이스 메도우 캠핑장**Gray's Meadow Campground _ LA에서 북동쪽으로 4시간만 달리면 닿게 되는 시에라네바다 산맥이 남북으로 쭉 뻗어 있다. 이 산맥 자락에 시원한 계곡물이 흐르는 캠핑장이 많다. 계곡을 따라 위에서부터 어니언 밸리, 그레이스 메도우, 인디펜던스 크릭 캠핑장이 있다. 각각 29개, 52개, 25개의 사이트가 있으며, 그중에서 어니언 밸리와 그레이스 메도우가 좋다. 계곡에서 송어 낚시를 할 수 있다.

* 주소 : Independence, CA 93526
* 예약 : www.recreation.gov

• **레이크 캠핑장**Lake Campground _ 사시사철 부들과 갈대 등이 호수 주변을 감싸고 있는 잭슨 레이크는 로스앤젤레스 포리스트 동쪽의 마운틴 하이 스키장에서 불과 10분 이내의 거리에 있다. 여름과 봄에는 낚시수렵국에서 무지개송어를 방류하여 플라이 낚시에 좋고, 무지개송어가 아니라도 블루길과 금붕어가 잘 잡혀 낚시꾼들에겐 제법 알려진 명소다. 호숫가에 붙어 있는 사이트 8개짜리 캠핑장을 비롯해서 인근에 잭슨 플랫, 마운틴 오크 등의 캠핑장이 있다. 폰데로사 파인과 오크 나무로 둘러싸여 주말 휴식을 즐기기에 좋다.

* 주소 : 22223 Big Pines Hwy., Wrightwood, CA 92397
* 예약 : www.reserveamerica.com

• **세라노 캠핑장**Serrano Campground _ 남부 캘리포니아 최고의 산속 휴양지인 빅 베어 호숫가에 있는 캠핑장으로, 모두 132개의 캠핑 사이트가 있다. 인근에 있는 캠핑장 중에서 유일하게 샤워 시설을 갖추고 있다. 낚시, 보트타기, 하이킹, 등산 등 다양한 레저를 즐길 수 있다. 인

근의 해너 플랫Hanna Flats 캠핑장도 인기가 높다.

* 주소 : 40533 North Shore Dr., Big Bear City, CA 92314
* 예약 : www.reserveamerica.com

• **흄 레이크 캠핑장**Hume Lake CampGround _ 높이 솟은 세쿼이아 나무가 시원한 그늘을 만들어 주는 최고의 캠핑장 중 하나로, 세쿼이아 국립공원 내에 있다. 국립공원답게 주변에 둘러볼 관광 명소도 많다. 캠핑장에서 0.5마일(800미터) 정도 걸어가면 마리나와 리트릿 센터가 나온다. 보트와 카약 등 수상 스포츠를 즐길 수 있다. 킹스 캐년 방문객 센터가 이곳에서 차로 15분 거리에 있다. 트레일을 타고 나무들이 즐비한 캐년을 지나 하이킹을 하는 코스는 실제로 체험하지 않고는 맛볼 수 없는 즐거움이다.

* 주소 : Hume CA 93633
* 예약 : www.nps.gov, www.reserveamerica.com

• **애너하임 하버 RV 파크**Anaheim Harbor RV Park _ 자연보다 도시를 더 좋아하는 아이들과 함께 남부 캘리포니아의 관광 명소를 둘러보는 데는 이보다 더 좋은 곳이 없다. 디즈니랜드, 넛츠 베리팜이 지척에 있고, LA와 샌디에이고 사이에 있어 레고랜드, 시월드도 무리하지 않고 다녀올 수 있다. 캠핑장 시설도 깨끗하고 편리해서 장기간 머물기에 좋으며, 해변을 다녀오는 등 가족끼리 오붓한 시간을 보내기에 좋다. RV 사이트는 물론 텐트 사이트도 있고, 캠핑장 내에 풀장과 놀이터가 있어 아이들이 놀기에도 그만인 곳이다.

* 주소 : 1009 S. Harbor Blvd. Anaheim, CA 92805

캠핑카를 타고 미국 국립공원을 여행하는 것은 미국인에게도 영원한 로망이다.

* 전화 : (714)535-6495
* 예약 : www.anaheimharborrvpark.com

투어 멘토 : 여기에 소개한 캠핑장은 캘리포니아에 있는 수백여 개 캠핑장 중 몇 개에 불과합니다. 다만 서부의 관문인 LA를 통해서 오는 만큼 이곳에서 가까운 캠핑장을 선별해 보았습니다. 할 수만 있다면 국립공원 중 최고의 입지를 갖춘 요세미티, 옐로스톤, 그랜드 캐년 국립공원 등에서 캠핑을 한다면 평생 잊을 수 없는 경험이 될 것입니다. 물론 최소한 6개월 전부터 서둘러야 예약이 가능하다는 사실을 잊지 말아야 합니다.

캠핑에 필요한 준비물

국립공원 연간 이용권. 2012년 기준으로 80달러다. 모든 입장권은 자동차 한 대를 기준으로 하며, 입장권 한 장으로 운전자와 동반 승객 모두 입장이 가능하다. 인터넷으로 신청이 가능하고, 처음 들르는 국립공원 매표소에서 구입해도 된다. 돔 형의 가벼운 텐트, 깔개, 침낭, 코펠, 버너, 식기류, 손전등 또는 걸이식 랜턴, 키친타월, 식수, 캠핑용 의자, 귀마개, 눈가리개, 장갑 등이 필요하다. 연료는 프로판 가스를 준비한다. 스포츠 용품점이나 마트에서 쉽게 구할 수 있다. 목록을 꼼꼼히 적어서 빠뜨리는 것이 없도록 각별히 주의해야 한다. 차량은 일반 차량 중에서 밴이나 SUV를 타고 갈 수도 있지만, 이색적인 경험을 원하는 사람은 RV 차량을 빌리기도 한다. 비용은 비싸지지만, 이런 경우에는 준비물이 줄어들 수도 있다.

* RV 렌탈 : www.CruiseAmerica.com, www.elmonterv.com

여행은 인생이라

인생을 연습하고, 인생의 의미를 찾는 것

여행은 인생입니다. 그 역도 역시 참입니다. 흔히들 '인생은 여행' 이라고 말합니다. 그렇기에 여행은 인생의 축소판입니다. 짧은 나그네 길을 떠나는 동안에도 희로애락을 수시로 경험합니다. 만나면 헤어지는 회자정리의 법칙, 소유했다고 하지만 결국은 놓아두고 떠나야 하는 우리 인생의 속성이 모두 담겨 있습니다. 그래서 우리는 여행을 하는 동안 인생을 연습합니다. 결국 여행을 떠난다는 것은 인생의 의미를 찾는 노력이 아닐까요?

인생의 사명을 깨닫는 미션 여행

_ 캘리포니아 미션 순례

강 상류로부터 한 명의 사제가 십자가에 묶인 채 떠내려온다. 잠시 후 거대한 이과수 폭포의 물줄기 속으로 사라진다. 호전적인 과라니족 원주민에 의해 살해된 것이다. 예수회 소속 가브리엘(제레미 아이언스) 신부는 이들을 개종시키기 위해 직접 가기로 결심한다. 그는 험준한 계곡과 절벽을 올라 원주민 지역으로 들어간다. 그리고 가방에서 오보에를 꺼내 연주를 시작한다. 음악을 통해 가브리엘 신부에게 마음을 연 원주민들은 그를 신뢰하기 시작한다. 이때 노예 사냥꾼 로드리고 멘도자(로버트 드니로)의 습격을 받아 몇 명의 과라니 원주민들이 납치되어 살해당하는 사건이 발생하며 숨 막히는 긴장이 고조된다.

영화 「미션The Mission」(1986년)에서 가브리엘 신부와 동생을 살해한 용병 출신 노예상인 로드리고의 만남은 이렇게 연결된다. 생명마저 내

놓고 위태로운 선교의 길을 걸었던 가브리엘 신부, 그의 미션에 대한 확신은 어디에서 비롯되었을까? 그는 비록 죽음을 맞이했지만 행복한 수도사였다. 원주민들의 마음에 영원히 잊히지 않는 사람이 되었기 때문이다. 그렇다면 내 인생의 미션은 무엇일까? 죽음마저도 두려워하지 않는, 그런 미션은 어떻게 찾을 수 있을까?

투어 멘티 : 정보의 홍수와 치열해지는 경쟁 속에서 자신의 길을 찾지 못해 방황하는 사람이 늘고 있습니다. 직장에 가서도 밤낮없이 일하지만 활력을 느끼지 못하는 사람이나 인생의 후반전을 계획하는 사람들에게 추천할 만한 여행지를 소개해 주시죠.

투어 멘토 : 캘리포니아에서만 제대로 경험할 수 있는 미션 순례 여행을 해보면 어떨까요? 마음의 빗장을 열고 내면 밖으로 나오는 시간이 될 수 있을 겁니다. 샌디에이고에서 샌프란시스코 인근까지 연결되어 있는 101 하이웨이를 '엘 카미노 레알(El Camino Real, 왕의 길)' 이라고 부릅니다. 에스파냐 왕의 명령으로 프란체스코 수도사들과 군인들이 이 길을 따라 미션을 세워 원주민을 교화하고 세력을 확장했지요. 캘리포니아의 미션은 모두 23곳이었지만, 2곳은 소실되고 21곳이 남아 있어요. '미션 21 트레일'은 캘리포니아 미션의 시발점이자 첫 미션인 샌디에이고 데 알카라 미션부터 북쪽으로 966킬로미터를 잇는 미션 트레일을 따라 올라가며 마지막 미션인 소노마 미션까지를 말합니다. 이 길은 미션이 세워지던 18세기에는 말

을 타거나 걸어서 갔지만, 지금은 차를 타고 달립니다. 차창 밖으로 보이는 캘리포니아의 자연과 태평양 바다를 만끽하면서 미션을 찾아 영혼을 정화하고, 왜 내가 숨을 쉬며 살아가는 지에 대해 생각해 보는 시간을 가지세요.

투어 멘티 : 세계적인 경영컨설턴트 스티븐 코비는 누구나 미션을 가져야 한다며 '사명 선언서_{Mission Statement}' 작성을 강조했습니다. 그의 말은 내가 살아가는 인생은 신이 명하신 사명인 만큼 그 사명에 충실히 살아야 한다는 것을 의미합니다.

투어 멘토 : 여행과 방랑의 차이는 목적지의 있고 없음을 의미해요. 여행은 휴식이든 배움이든 어떤 목적지를 다녀옵니다. 심지어 숙소를 정해 놓지 않고 떠나는 배낭여행이라 할지라도 대충 어느 지역을 돌아보고 오겠다는 생각을 하고 가지요. 이에 비해 방랑은 어떤 목적도 없이 길가는 대로 발이 닿는 대로 가게 됩니다. 지금부터 몇 백 년 전 선교에 대한 부름을 받고 캘리포니아에 첫 발을 디딘 가톨릭 수도사의 심정은 어땠을까요? 그들은 묵묵히 신이 주신 소명을 품고 아무도 가본 적이 없는 길을 향해 북쪽으로 걸어갔지요. 군인들의 도움을 받고, 원주민과 힘을 합쳐 미션을 세웠지요. 그리고 이름도 없이 살다가 그 누구보다 행복하게 죽음을 맞았습니다. 흔히 여행은 인생이라고 합니다. 여행을 통해 내가 살아가고 있는 인생의 목적을 찾아보면 어떨까요? 젊은이들에게는 앞으로 원하는 직업과 결혼을 염두에 두고, 이미 인생의 반환점을 돈 장년층에

게는 인생의 후반전을 설계하며, 인생의 황혼에 접어든 노년층에게
는 인생을 정리하기 위한 목적으로 미션 여행을 추천해 주고 싶습
니다.

미션 순례 여행

캘리포니아에는 21개 미션이 있다. 다 둘러보아도 되지만 몇 곳만 들
러도 순례 여행의 목적을 이룰 수 있다. 미션이 있는 지역과 연계해서
관광을 해도 좋다. 다만 미션 여행에 담긴 깊은 사고와 돌아봄, 내려놓
음을 잊지 않는 여행이어야 한다는 점을 잊지 말아야 한다.

● **미션 샌디에이고 데 알카라**Mission San Diego de Alcala _ 캘리포니
아의 미션 21곳 중에 가장 먼저 세워졌다. 1769년 7월 1일 샌디에이고
만에 입항한 후니페로 세라 신부가 세웠으며, 최초의 미션으로 세워진
만큼 '미션의 어머니'라고 불린다. 눈부시게 새하얀 회벽과 붉은 기와지
붕은 어느 한적한 시골의 교회를 연상하게 된다. 성당 종소리보다 아름
답고 은은한 풍경 속을 느릿느릿 걷다 보면 수백 년 전 역사의 향기에
젖어든다. 오랜 세월의 흔적을 간직한 아름다운 에스파냐풍 성당 건축
과 조형물의 미학에 취해 보는 것은 미션 순례 여행이 주는 또 다른 선
물이다.

* 주소 : 10818 San Diego Mission Road, San Diego CA 92108
* 홈페이지 : www.missionsandiego.com

미션 내부의 예배실에 앉아 조용히 드리는 기도가 때로는 자신의 영성을 깨우는 기회가 되기도 한다.

● **샌루이스 레이 데 프랜시아**Sand Luis Rey de Francia _ 21곳의 미션 중에서 열여덟 번째로 건립되었다. '미션의 왕'으로 불리게 된 것은 페르민 라수엔 신부가 13세기 프랑스 왕 루이 9세를 기리기 위해 이름을 붙였고, 다른 미션보다 크고 화려하기 때문이다. 미션의 묘지가 성당 옆 기도소에 있다. 분수대가 흐르고 있어 삶과 죽음의 경계를 기억하도록 한다. 멕시코가 통치할 때 미션의 자산 대부분이 파괴되었다가 미국으로 넘어오면서 가톨릭교회에 귀속되었다. 19년간의 재건 노력 끝에 복구되어 이곳을 찾는 방문객들에게 화려하고 위엄 있는 모습을 보여주고 있다.

* 주소 : 4050 Mission Ave. Oceanside, CA 92057

* 홈페이지 : www.sanluisrey.org

• **샌후안 카피스트라노 미션**Mission San Juan Capistrano _ 캘리포니아에서 가장 오래된 건물인 세라 성당Serra's Chapel을 비롯하여 주요 사적이 많다. 캘리포니아에서 가장 로맨틱한 도시에 위치한 미션이어서 이름만 떠올려도 행복감이 몰려온다는 아름다운 미션이다. 1776년에 스페인에서 온 가톨릭 교파 프란체스코회Franciscan Orde가 선교구를 설립하였고, 1대 교구장은 페르민 라수엔 신부Fermin Lasuen였다. 1779년에 캘리포니아 포도의 상징적인 시초인 미션 그레이프Mission grape가 심어졌고, 1783년에 캘리포니아 최초의 와인이 이곳에서 생산되었다. 1910년에 온 오설리번 신부Father O'Sullivan가 선교구의 역사적 가치를 보존하기 위해 노력한 결과, 사라진 건물과 파손된 여러 건물이 복구되었다. 1984년에 과거의 본모습을 재현한 새로운 교회가 선교구의 북쪽과 서쪽에 지어졌다. 캘리포니아에서 가장 오래된 건물인 세라 성당에서는 현재까지도 예배가 거행되고 있으며, 그레이트 스톤 교회Great Stone Church가 관광객의 눈길을 끌고 있다. 여타 다른 선교구와 비견할 수 없을 만큼 많은 소설과 시, 영화 등에 등장한 바 있다. 8만 명의 학생을 포함해 매년 50만 명 이상의 관광객이 방문하는 관광 명소이다.

* 주소 : P.O. Box 697 (Ortega Hwy & Camino Capistrano) San Juan Capistrano, CA 92693
* 홈페이지 : www.missionsjc.com

• **샌 게이브리얼 아르칸젤 미션**Mission San Gabriel Arcangel _ '하나님의 힘'이라는 의미를 가진 가브리엘 천사의 이름을 붙인 미션이다. 비교적 LA에서 가까운 미션 중의 하나로, 주니페로 세라Junipero Serra 신부에 의해 1771년에 세워졌다. 원래는 LA 다운타운에서 동쪽으로 9마

캘리포니아 최대의 어도비 건축물로 꼽히는 샌 퍼낸도 미션.

일 정도 떨어진 곳에 세워졌으나, 이후 군대 주둔지와의 마찰로 5년 뒤 현재의 장소로 이전하였다. 멕시코에 인접한 교통 요지에 세워졌기 때문에 초창기에는 주로 군대의 원정 출발지로서의 역할을 하여 미션들 중에서 가장 바쁜 미션이기도 했다. 그런 이유로 미션 내에 문화유산들이 가득 차 있으며, 건물 자체만 보더라도 고대 무어인 양식으로 초창기의 역할에 걸맞게 요새처럼 지어졌다. 벽과 벽 사이의 모자를 씌운 듯한 기둥은 스페인 코르도바 대성당의 건축 양식과 비슷하다. 정면의 종루를 겸한 벽에는 모두 여섯 개의 종이 걸려 있는데, 큰 종은 무려 1톤에 달하여 주조된 1830년 당시에는 가장 컸다고 한다.

* 주소 : 428 S. Mission Dr. San Gabriel, CA 91776

* 홈페이지 : sangabrielmissionchurch.org

● **샌 퍼낸도 미션**Mission San Fernando Rey de Espana _ LA 북쪽이라면 샌 퍼낸도 밸리에 있는 이 미션으로 가보자. 엘 카미노 레알의 21곳 미션 중 열일곱 번째로 1797년에 세워졌으며, 세인트 페르디난드 스페인 왕의 이름을 따서 명명되었다. 그로 인해 지명도 샌 퍼낸도 밸리로 불리었다. 1812년에는 지진 피해를 겪기도 했고, 이후 교회 건물의 세속화로 인해 지붕의 타일을 벗겨내 다른 건물을 짓는데 사용되는 등 방치되다시피 했다. 이 일대에서 금이 발견되어 금광 채굴업자들이 교회 바닥을 파헤쳐 미션의 상당 부분이 수리 불가의 상태에 빠지기도 하는 등 수난을 겪기도 했지만, 할리우드가 가까워 수많은 영화의 촬영장으로 각광을 받고 있다. 한때 이 미션은 교회와 막사, 주택이 들어서 인구가 1,000여 명에 이르기도 했다. 이후 교회가 건물에서 분리되어 20개의 아치와 기둥을 가진 캘리포니아 최대의 어도비(Adobe : 황토 벽돌로 짓는 건축 양식) 건축물로 자리 잡았다.

* 주소 : 15151 San Fernando Mission Blvd L.A., CA 91345

● **올드 미션 산타바버라**Old Mission Santa Barbara _ 올드 미션 산타바버라는 캘리포니아 주에 세운 미션 21곳 중 열 번째 미션으로, 프란체스코회에 의해 1786년 12월 4일에 설립된 유서 깊은 건축물이다. 스페인풍의 주홍색 기와지붕과 흰 벽면, 그리고 아치형 기둥이 늘어선 작은 회랑이 아름답다. 올드 미션 앞쪽에는 잔디가 깔린 너른 공터에 꽃이 심어져 있고, 분수가 설치된 아담한 정원이 있다. 길 건너에는 각양각색의 장미 화원이 조성되어 있다.

* 주소 : 2201 Laguna St. Santa Barbara, CA 93105

* 홈페이지 : www.santabarbaramission.org

미션 내부에는 건립 초기의 역사들이 그대로 담겨 있다.

종에 얽힌 이야기

101번 프리웨이는 기존의 '엘 카미노 레알(왕의 길)'을 따라 건설되었는데, 1902년 'LA 여성 클럽'이 원래의 트레일에 이정표를 설치하자는 의견이 제시되었고, 1906년에 카미노 레알 협회가 설립된다. 그해 프란시스코의 지팡이로 명명된 양치기용 지팡이에 1마일(1.6킬로미터)마다 종을 달기로 해서 450개를 달았다. 그동안 도둑의 손길을 타서 한때 120개로 줄기도 했다. 지금은 기둥과 지반을 콘크리트로 보강하여 도난이 줄었다.

투어 멘토 : 인생에서 그 어떤 것도 자신의 목적을 아는 것을 대신해 주지 못합니다. 자신의 목적을 찾으려 하지 않으면 잘못된 일

가장 아름다운 미션 중의 하나인 산타 바버라 미션.

을 하면서 평생을 보낼 수 있습니다. 심리학자 빅터 프랭클은 이렇게 말했습니다. "사람은 누구나 인생에서 자기만의 특별한 소명이나 사명을 가지고 있다. 그래서 각자가 하는 일은 그 일을 할 기회만큼이나 독특하다." 미션 순례 여행을 가는 분들마다 자신의 소명을 발견하기를 바랍니다. 아래 질문들을 시간을 두고 스스로 답해 봅시다. 금욕과 검소함으로 평생을 살아갔던 수도사의 삶을 묵상해 보며 내려놓음을 경험했으면 합니다.

나는 무엇을 추구하고 있는가?

나는 왜 창조되었는가?

나는 내 능력을 믿는가?

평생 검약과 절제를 실천하며 살아간 수도사의 흔적 속에
인생의 소명을 점검하는 시간이 된다.

행복을 드리는 행복한 가이드

나는 여행 가이드입니다. 혼자 택시를 몰고 여행사를 시작했을 때부터 가이드였습니다. 계절에 따라 30~50여 명의 가이드들이 제가 대표로 있는 여행사에서 함께 일하는 지금도, 저는 가이드 역할을 수행하고 있습니다. 창업 30주년을 앞두고 돈도 벌었고, 회사도 미주 최대의 여행사로 키웠지만 여전히 가이드로 일하고 있습니다. 누가 시킨 적도 없지만 깃발과 모자를 챙겨 들고 여행지로 떠납니다.

가족들은 나이와 위신, 위험 등을 열거하며 이제는 현장에서 그만 나오라고 만류합니다. 하지만 4.29 LA 폭동과 한국의 IMF 사태를 겪으면서 이민 생활의 행복한 노후를 위해, 해외로 나가는데 두려움을 가진 한국인을 위해 해외여행의 개척자로 나서게 되었습니다. 미국 내의 가이드는 충분히 양성되어 있지만 해외에는 전문가다운 전문가가 없기 때문이기도 했습니다.

가이드로서 여행길을 나서면 일 자체가 즐겁습니다. 버스와 기차, 비행기 안에서 고객을 만나 함께 호흡하며 여행지를 다니는 것보다 더 살아가는 느낌을 주는 일은 없습니다. 회사에 앉아 매출 확대를 위한 경영 전략을 짜거나 차세대 상품을 개발하는 일을 하고, 직원 고용과 승진에 대해 결정하는 일도 중요합니다. 그렇지만 결재 서류를 끝내고 나면 '후다닥~' 여행지를 향해 달음질치는 저를 보며 직원들은 고개를 갸우뚱거립니다. 그러나 제가 진정으로 좋아하는 일은 여행지에서 고객들과 함께 호흡하는 것이기 때문입니다. 고객들에게 여행을 통해 감동을 전달하는 일만큼 제 가슴을 뛰게 하는 일은 없습니다.

회사에서 즐겨 쓰는 슬로건인 '가슴 떨릴 때, 다리가 떨리기 전에 여행을 떠나라!'는 말은 사실 제 자신에게 하는 말입니다. 가이드는 평생의 업業이고, 어쩌면 제가 살아가는 존재 방식의 표현입니다. 제가 경험한 감동이 고객의 가슴에 전달되어 파동처럼 퍼지는 것을 봅니다. 또한 지치고 힘든 생활에서도 '그래도 세상은 살만한 곳인가 보다'라고 기운을 차리는 것을 보면, 제 머리 속에도 엔도르핀이 돌고 활력이 솟습니다.

여행길에 나서면 오늘도 목격자가 됩니다. 탄성이 절로 날 만큼 엄청난 빙하와 수억만 년 전부터 퇴적된 거대한 계곡, 기막히게 푸른 녹음의 대자연 속에서 평화롭게 뛰노는 야생동물을 보는 것은 참으로 즐거운 일입니다.

하지만 평생 자식을 위해 살아온 부모님의 손을 잡고 온 아들의 눈동자 속에서 고마움과 미안함이 교차하는 눈빛을 지켜보는 것, 석양을 바라보며 '못난 남편을 믿고 지금까지 살아와줘서 고맙다'는 고백을 아내에게 건네는 중년 남편의 목소리를 듣는 것, 이역만리 낯선 미국 땅에 건너와 혼자서 열심히 공부한 십대 자녀를 보며 대견해하는 부모의 자부심 섞인 눈물을 지켜보는 일은 언제나 훈훈한 감동을 줍니다. 오직 여행지에서만 얻을 수 있는 묘약이자 신비입니다.

국어사전에 의하면 '가이드'는 '관광을 안내하는 사람'입니다. 그러나 가이드에 대한 제 생각과 기준은 이보다 훨씬 높습니다. 지금도 한 달이 멀다 하고 전 세계를 직접 발로 뛰는 저는 가이드야말로 여행에서 얻는 감동의 크기를 결정하는 사람이라고 믿습니다. 가이드는 인도자입니다. 먼저 가본 사람으로서 처음 온 사람에게 낯선 길을 세심하게 안내하는 사람입니다. 여행자를 위한 코디네이터이기도 합니다. 여행을 떠나는 날부터 돌아오는 날까지 여행지에서 고객의 감동을 조율하는 역할을 맡습니다. 마치 배의 함장과도 같습니다. 일단 배가 출발하면 모든 항로를 관장하는 것처럼 여행자들의 모든 것을 책임집니다. 긴급한 상황이나 위기가 닥쳤을 때일수록 가이드의 연륜은 빛납니다. 잘생긴 외모에 언변이 청산유수 같은 가이드보다 성실하고 오랜 경험을 가진 가이드를 선호하기도 합니다. 여행지에서 가이드는 양떼를 이끄는 목자와 같습니다. 위험이 닥칠수록 앞장서야 하기 때문입니다.

온 사방이 펄펄 끓는 듯한 사막 지대에서 차가 갑작스런 고장으로 멈췄을 때, 처음으로 미국을 찾은 노인이 갑자기 쓰러졌을 때, 휴대폰이 잘 통하지도 않는 지역에서 아기를 가진 여성이 복통을 호소할 때, 천재지변으로 모든 교통편이 멈췄을 때 가이드는 누구보다 침착하고 신속하게 일을 처리할 수 있어야 합니다.

가이드에게 친절과 서비스는 기본입니다. 아무리 아는 것이 많고, 여행 노하우가 많다 해도 사람의 마음은 말 한 마디의 표현에 따라 마음이 열리고 닫힙니다. 자신이 수백 번 갔던 길을 처음 가는 고객이 묻고 또 묻더라도 마치 처음 대답하는 것처럼 열정적으로 대답할 수 있는 사람이어야 합니다. 그래서 가이드는 선생님입니다. 자기관리에도 뛰어나야 합니다. 시간, 복장, 건강을 철저히 관리하는 사람만이 여행자들 앞에 설 수 있는 가이드가 됩니다.

안전에 위험이 없는 이상, 고객의 요청에는 '노No'가 없습니다. 무미건조한 여행 책자 뒤에 숨겨져 있는 뒷이야기를 발굴해서 고객들에게 생생하게 전달하는 것 역시 가이드의 임무입니다. 역사와 지리, 상식에서 오는 박식한 지식은 자연의 풍광을 더욱 생생하게 만드는 조연 역할을 합니다.

재치 있는 유머는 힘든 여행길의 빛나는 보석과도 같습니다. 어쩌면 수년이 지난 어느 날 아름다운 여행지의 풍경보다 가이드의 재미난 에피소드를 들으며 버스 안에서 마음껏 웃었던 것을 더 기억할 지도 모르기 때문입니다.

가이드는 이런 마음을 지녀야 합니다. 미국을 처음 찾은 고향 부모님을 모시고 여행을 가는 자식의 심정으로 투어에 나서야 합니다. 연배에 따라 나이가 많은 고객은 형처럼, 어린 고객은 동생처럼 여기고 하나라도 더 챙겨 주려는 마음을 가져야 합니다.

이처럼 가이드가 자신의 역할을 다했을 때 집을 떠나온 고객의 즐거움과 환호는 높아지고, 한숨과 슬픔은 줄어들고, 감동과 기쁨은 갑절이 되고, 고통과 부담은 나누는 여행이 되도록 도와주어야 합니다. 그래서 여행을 마치고 돌아갈 때는 행복한 마음으로 돌아가도록 만드는 사람이 바로 가이드입니다.

가이드라는 업業이 그래서 자랑스럽습니다!

샌프란시스코를 다녀오는 단체 관광객 중에 동반자 없이 혼자 오신 70대 노인이 있었습니다. 금문교와 차이나타운을 관광한 뒤 캘리포니아 최고의 해안도로인 '17마일'을 지날 때였습니다. 세계 3대 골프 코스로 불리는 페블 비치 앞에 버스가 잠시 멈췄습니다. 파란 잔디가 깔려 있었고, 관광객들은 기념 촬영을 하기에 바빴습니다. 그런데 그 노인은 잔디 사이를 다니며 뭔가를 바쁘게 찾고 있었습니다. 혹시 물건을 잃어버리셨느냐고 물어봤지만, 손을 내젓고는 버스를 탈 때까지 한참 동안 그곳에 앉아 있었습니다. 버스에 타자마자 궁금증을 참지 못하고 할아버지에게 물었습니다.

"선생님, 잔디밭에서 한참을 계셨는데, 무엇을 찾고 계셨는지요?"

"보고 있었구먼. 네 잎 클로버라네. 결국 못 찾았어! 이번에 아내랑 같이 못 와서 뭘 사다 줄까 생각하다가 연애 시절이 떠올랐지. 아내는 대학 교정 잔디밭에서 네 잎 클로버를 찾아내고는 잘 말려서 내게 책갈피로 쓰라며 선물로 주었다네. 그래서 한참을 찾았는데 못 찾은 걸 보니, 나는 행운이 없나 봐."

“선생님, 혹시 클로버의 꽃말을 아세요?”

“글쎄…….”

“네 잎 클로버 꽃말은 ‘행운’인데, 세 잎 클로버의 꽃말은 ‘행복’입니다. 젊었을 때는 행운이 필요했다면, 이제 할아버지에게는 행복이 필요하지 않을까요? 사모님에게 세 잎 클로버를 건네주시면서 ‘우리 여생은 행복하게 삽시다!’ 라고 말해 주시면 좋지 않을까요?”

“그렇게 생각했다면, 일이 쉬울 뻔 했어.”

행복은 멀리 있지 않습니다. 너무나 많이 들어서 감동이 없는 말이지요. 이 노인처럼 대부분의 사람들은 주위에 널려 있는 행복을 찾지 않고 어쩌다 요행이나 대박을 찾아다니지만, 결국에는 아무런 소득 없이 끝나고 맙니다.

나는 이틀 뒤에 떠날 유럽 여행을 위해 짐을 챙기다 말고 이 글을 쓰고 있습니다. 저와 함께 여행을 떠나는 고객들은 은퇴 후에 오시는 분들이 거의 대부분입니다. 어렵게 시간과 돈을 주고 오셨는데, 건강이 허락하지 않아 재미와 감동을 두 배로 느끼게 해 줄 야외 활동은 참가하지 못한 채 비행기와 버스 안에 앉아만 있다가 오시는 분들이 꽤 있습니다.

이런 모습을 보면 나 같은 사람은 할 말이 많아집니다. 어째서 인생에 주어진 시간이 얼마 남지 않은 때가 되어서야 여행 계획을 세웁니까? 왜 좀 더 일찍 여행을 떠나지 않는 건가요? 그렇게 모은 돈과 재산은 과연 누구를 위한 것이 됩니까? 이런 질문이 턱밑까지 차오릅니다. 굳이 내가 말하지 않더라도 여행을 끝내고 돌아갈 때 할아버지, 할머니 중에 내 손을 붙잡고는 "10년만 더 일찍 왔더라면 얼마나 좋았을까?"라고 말씀하시며 후회하시는 분들이 많습니다.

그나마 여행을 오시는 분들은 행복한 축에 듭니다. 미국에 살면서도 그랜드 캐년을 한 번도 가보지 못하고 인생을 마감했다거나 LA에 살면서도 디즈니랜드를 한 번도 가보지 못했다는 믿기지 않는 이야기가 실제로 있으니까요. 이런 이야기를 듣게 되면 여행 전문가로서 소명을 느낍니다.

여행은 자신에게 주는 선물이라고 할 수 있습니다. 선물은 특별한 경우에 받는 것이지만, 평소에 받아도 기분이 좋은 것이 선물입니다. 소중한 사람에게 선물을 받게 되면 행복감이 더욱더 높아집니다. 이와 마찬가지로 자신에게도 지친 어깨를 토닥토닥 두드려주고 '그래, 수고했어!'라는 격려의 선물을 자주 해줘야 합니다. 녹록하지 않은 삶을 열심히 살아가고 있는 나 자신과 가족을 위해 자주 여행을 다녀야 하는 이유가 바로 여기에 있습니다.

과연 돈이 많다고 부자일까요? 악착같이 일해서 남들이 부러워하는 재력가가 되었지만 남들을 위해 돈 한 푼 쓰지 못하고, 여행 한 번 가보지 못하는 사람이 과연 진정한 부자일까요? 자신이 소유한 고층 빌딩 사무실에 앉아 하루 종일 일하면서 끝내 쓸 수 없는 두둑한 은행 계좌를 자랑하는 사람이 과연 부자일까요?

부끄럽지만 저 역시 젊은 시절에는 그런 사람이었습니다. 물질적

성취가 인생의 행복을 가져온다고 믿는 그런 류의 사람이었습니다. 여행사를 막 시작해서 우리 식구로만 일을 꾸려갈 때 다섯 살 된 아들이 전화를 받기도 했는데, 한번은 손님 전화번호를 잘못 적었다고 불호령을 내린 적이 있습니다. 어린 아들은 그 후유증으로 한동안 전화만 오면 무서워하곤 했습니다. 여행사이기 때문에 24시간을 대기하고 있어야 한다는 나만의 사업 철학으로 인해 가족여행 한 번 제대로 떠나지 못했습니다. 이해심이 부족했고, 가족에게 많은 희생을 요구한 아버지였지요. 지금은 어엿한 사회인으로 성장해 준 아들 헨리와 딸 한미에게 이 책을 빌려 미안하고 고마운 마음을 전하고 싶습니다.

비즈니스 파트너로 생사고락과 희로애락을 함께해 온 아내 영순은 내 인생 최고의 선물입니다. 나를 진정한 부자로 눈뜰 수 있도록 만들어 준 동반자이기도 합니다. 구멍가게 같았던 회사가 미주 최대의 여행사가 되도록 아낌없는 조언을 해주신 홍병식 박사님, 위기를 겪을 때마다 격려와 도움을 주셨던 지인들, 그리고 지금 이 시간도 고객에게 최선을 다하고 있는 아주관광 직원들에게 지면을 통해 감사의 마음을 전합니다. 여행사 초창기에 미국 여행을 오신 고객들을 생각할 때마다 지금처럼 잘 모시지 못했던 일이 자꾸 생각납니다. 경험이 짧았던 탓으로 볼 수 있겠지만 여러모로 용서를 빌며, 다시 만회할 수 있는 기회를 주셨으면 합니다. 이 책을 쓰기 위해 나와 함께 여행을 다니며 원고 작업에 참여해 준 최상태 기자에게도 공저자를 대표해 감사를 드립니다.

　그러고 보니 지금까지 살아온 인생이, 그리고 지금까지 만난 사
람들이 선물이라는 생각이 듭니다. 여행이 안겨다 준 귀한 선물.

지은이를 대표하여 박평식 씀